U0271001

 新能源系列 —— **光伏工程技术专业系列教材**

光伏微处理器控制技术

谭建斌 郑 亚 段春艳 主 编

徐 胜 何金伟 胡昌吉 副主编

GUANGFU

WEICHULIQI

KONGZHI JISHU

 化学工业出版社

·北京·

内容简介

本书以项目为引领，通过任务分解及相关知识的学习进行项目实施，采用国内广泛使用的单片机（微控制器）作为研究对象，设置 6 个项目、24 个任务，内容包括太阳能爆闪灯、简易电子时钟、数字电压表、太阳能自动追踪系统、风光互补控制器、简易辐照度测试仪的设计与制作。通过介绍单片机与外围接口电路之间的软硬件设计，建立单片机应用系统的概念，旨在培养学习者单片机应用系统设计与开发的能力。

本书适用于高职高专光伏工程技术相关专业的实践教学，也可供社会相关技术人员参考学习。

图书在版编目（CIP）数据

光伏微处理器控制技术/谭建斌，郑亚，段春艳主编. —北京：化学工业出版社，2022.3
ISBN 978-7-122-38026-5

Ⅰ.①光… Ⅱ.①谭…②郑…③段… Ⅲ.①微控制器-教材
Ⅳ.①TP368.1

中国版本图书馆 CIP 数据核字（2020）第 238231 号

责任编辑：葛瑞祎　刘　哲　　　　　　　　　装帧设计：韩　飞
责任校对：王鹏飞

出版发行：化学工业出版社（北京市东城区青年湖南街 13 号　邮政编码 100011）
印　　装：北京印刷集团有限责任公司
787mm×1092mm　1/16　印张 8¾　字数 214 千字　　2022 年 7 月北京第 1 版第 1 次印刷

购书咨询：010-64518888　　　　　　　　　　售后服务：010-64518899
网　　址：http://www.cip.com.cn
凡购买本书，如有缺损质量问题，本社销售中心负责调换。

定　　价：32.00 元

光伏产业是基于半导体技术和新能源需求而兴起的产业，为进一步提升我国光伏产业发展质量和效率，加快培育新产品的新业态、新功能，实现光伏智能创新驱动和持续健康发展，编者结合自己的教学与科研实践编写了本书，旨在帮助初学者能够轻松有趣地学习智能光伏产品的开发。

本书以项目为引领，以具体应用案例的实战设计为主线，遵循由易到难、循序渐进的原则，将单片机作为微处理器应用于智能光伏产品的设计与开发中，主要分为以下六个项目：项目一，太阳能爆闪灯的设计与制作，主要讲述了 51 单片机的基本结构和 I/O 的应用、程序开发软件 Keil 和单片机电路虚拟仿真软件 Proteus 的使用，以及单片机 C 语言的一些基本知识等；项目二，简易电子时钟的设计与制作，主要利用单片机的中断、定时器等内部资源，结合按键和数码管显示技术进行设计，让初学者对经典 51 单片机的内部资源有更深的了解；项目三，数字电压表的设计与制作，主要应用 51 单片机的 A/D 转换，实现模拟电路和数字电路的转换；项目四，太阳能自动追踪系统的设计与制作，主要利用光敏电阻和舵机，使用 STC15F2K60S2 单片机控制太阳能电池板完成自动追踪；项目五，风光互补控制器的设计与制作，利用 STC15F2K60S2 单片机实现太阳能和风能的转换；项目六，简易辐照度测试仪的设计与制作，利用光照度传感器 BH1750FVI 测量光照度值后，经过数据关系换算成辐照度，再通过 LCD 显示出来，旨在引导初学者开发一个简易的智能光伏产品。前三个项目是经典 51 单片机的基本知识应用，后三个项目主要是利用高性能单片机 STC15 进行开发设计。每个项目中电路和程序均通过 Proteus 或者硬件电路调试成功，以方便读者学习。

本书由谭建斌、郑亚、段春艳担任主编，由徐胜、何金伟、胡昌吉担任副主编。具体编写分工如下：项目一和项目二由谭建斌、徐胜编写，项目三由段春艳编写，项目四和项目五由郑亚、何金伟编写，项目六由谭建斌、胡昌吉编写，全书由段春艳统稿。另外，杭州瑞亚教育科技有限公司和宏晶科技有限公司为本书提供了很多实际案例，连伟腾、曾辉佳、庄弘庭、陈佳妍、张文超、冯巧凤等也参与了本书的编写与校对工作，在此表示衷心的感谢！

由于编者水平有限且时间仓促，书中难免出现一些不妥和疏漏之处，恳请读者批评指正。

编者

2022 年 2 月

目 录

光伏微处理器控制技术
GUANGFU WEICHULIQI KONGZHI JISHU

项目 一

太阳能爆闪灯的设计与制作

由于能源枯竭和节能环保，以及使用绿色能源的倡导，太阳能作为电源的相关应用产品逐步进入了人们的日常生活中，单片机结合太阳能设计制作的产品得到了广泛的应用。本项目能使学生掌握当前国内外太阳能光伏产品的应用领域、类型、开发流程及基本工艺。在本项目中，将通过完成"太阳能爆闪灯的设计与制作"来学习和了解单片机与 C 语言的基本知识。市场上常见的太阳能爆闪灯产品如图 1-1 所示。

图 1-1 市场上常见的太阳能爆闪灯实物

 ## 学习目标

技能目标	1.会设计与制作单片机最小应用系统的硬件电路； 2.会使用 Keil 编程软件、Proteus 仿真软件； 3.会编写单片机控制 LED 闪烁的程序。
知识目标	1.熟悉单片机的基本结构； 2.掌握 C 语言的程序结构与特点。

项目描述及任务分解

第一次接触单片机，可能会感到很陌生、很神秘，那么本项目就从最简单、最基本的单片机控制发光二极管入手，来帮助读者快速入门。在本项目中将构建单片机的最小应用系统，利用其引脚来控制发光二极管按一定规律闪光，模拟警示灯功能。

完成此项目，需要熟悉单片机的原理结构，掌握单片机最小系统运行的要求，同时熟悉 LED 灯的结构特性，熟悉 Keil 编程软件、Proteus 仿真软件的使用。按照项目要求，把本项目分解成以下六个任务：

任务一　使用 Keil 编写程序；

任务二　使用 Proteus 设计仿真电路；

任务三　控制一盏 LED 灯闪烁；

任务四　控制八盏 LED 灯逐个循环点亮；

任务五　控制八盏 LED 灯花式点亮；

任务六 太阳能爆闪灯整体设计与制作。

任务一 使用 Keil 编写程序

【任务描述】

使用 Keil 软件建立工程和编写 C 语言源程序。

【实训仪器、设备及实训材料】

工具、设备和耗材	数量	工具、设备和耗材	数量
电脑	1 台	Keil μVision4	1 套

【实施过程及步骤】

1. Keil 软件的认知

单片机开发中除必要的硬件外，软件同样不可缺少，我们需要将汇编语言源程序变为 CPU 可以执行的机器代码。采用应用软件进行编译，将源程序变为机器代码的方法称为机器汇编，用于 MCS-51 单片机的汇编软件有早期的 A51，随着单片机开发技术的不断发展，从普遍使用汇编语言到逐渐使用高级语言开发，单片机的开发软件也在不断发展，Keil 软件是目前较为流行的单片机开发软件，它提供了包括 C 编译器、宏汇编、连接器、库管理和一个功能强大的仿真调试器等在内的完整开发方案，通过一个集成开发环境（μVision4）将这些部分组合在一起，可以完成程序编辑、编译、连接、调试、仿真等开发流程。

2. Keil 软件的使用

（1）启动 Keil

确认在电脑上正确安装 Keil 软件后，双击桌面图标 ，启动 Keil 软件，启动主界面见图 1-2。Keil μVision4 启动后，程序窗口的左边有一个工程管理窗口，该窗口有 3 个标

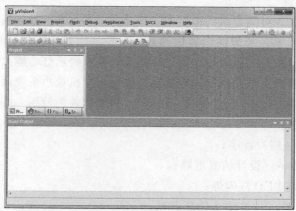

图 1-2 Keil 启动主界面

签，分别是 Files、Regs 和 Books，这三个标签分别显示当前项目的文件结构、CPU 寄存器及部分特殊功能寄存器的值（调试时才出现）和所选 CPU 的附加说明文件，如果是第一次启动 Keil，那么这三个标签页全是空的。

(2) 建立源文件

使用菜单"File->New"或点击工具栏的新建文件按钮，即可在项目窗口的右侧打开一个新的文本编辑窗口，在该窗口中输入以下 C 语言源程序。

```
//**********************************************************
//单个 LED 闪烁程序,注释详细介绍了每条语句的功能
//**********************************************************
#include <reg51.h>        //调用 C 语言头文件
sbit P15 = P1^5;          //定义位变量,用 P15 来替代输出位 P1^5 端口
//**********************************************************
//延时程序
//**********************************************************
void delay(int x)         //定义延时函数
{
unsigned int   i,j;   //定义无符号整型变量
for(i = 0;i<x;i++)
  for(j = 0;j<120;j++);  //循环语句
}
//**********************************************************
//主函数
//**********************************************************
main()     //  主函数,程序从主函数开始执行
{
P15 = 0;      //P15 赋值"0",使 P15 输出低电平,点亮 LED
delay(1000);  //调用延时程序,使 LED 亮一段时间
P15 = 1;      //  P15 赋值"1",使 P15 输出高电平,熄灭 LED
delay(1000);  //调用延时程序,使 LED 灭一段时间
}        //主程序结束
```

保存该文件，注意必须加上扩展名（C 语言源程序一般用.c，这里假定将文件保存为"单个 LED 闪烁.c"）。

温馨提示

需要说明的是：源文件就是一般的文本文件，不一定使用 Keil 软件编写，可以使用任意文本编辑器编写，因为 Keil 的编辑器对汉字的支持不好，建议使用 UltraEdit 等编辑软件进行源程序的输入。

(3) 建立工程文件

单击菜单"Project->New Project…"，在 Create New Project 创建新项目的对话框中，输入工程名称，如 test，并选择好保存路径，按"保存"按钮，此时弹出对话框见图 1-3，

按要求选择单片机型号，Keil 支持的 CPU 类型很多，选择 ATMEL 公司的 AT89C51，找到 ATMEL，点击前面的"＋"，选择"AT89C51"。按"OK"回到主界面。

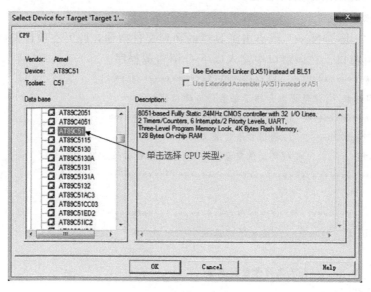

图 1-3　CPU 类型选择窗口

完成以上步骤后，此时工程还是一个空白的工程，需要手动加入源程序，单击选择工程窗口中的"Source Group 1"，然后点击右键，出现下拉菜单，选择"Add Files to Group 'Source Group 1'"，此时打开窗口如图 1-4 所示。注意，在文件类型选项中，默认为"C Source file（＊.c）"，即对话窗口所显示文件是以.c 为后缀的程序文件。由于采用汇编语言编写程序，需在"文件类型"下拉菜单中，选择"C Source file"，在对话窗口中找到"单个 LED 闪烁.c"后，单击"Add"键，此时在工程窗口"Source Group 1"的目录下，成功添加了源程序文件"单个 LED 闪烁.c"。如果需要继续增加其他程序文件，可继续查找，并按"Add"键，否则，可单击"Close"选项，关闭该对话窗口。

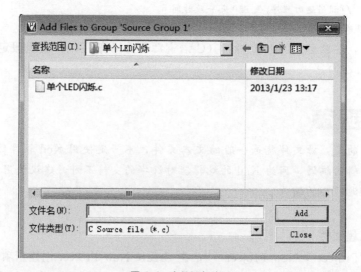

图 1-4　文件添加窗口

（4）工程参数设置

工程建立后，还需要对工程参数进行设置，以满足要求。首先单击选中工程窗口中"Target 1"，然后右键单击，界面如图1-5所示，在下拉菜单中选择"Options for Target 'Target 1'"，大部分可以按默认处理，对于Proteus仿真，主要设置以下两个参数：

① 在Target选项下的Xtal（MHz）中设置晶振频率，如图1-6所示，默认值为所选目标CPU最高可用频率值，对AT89C51而言，最高可用频率为33MHz，所以默认数值为33.0，这里我们设定为12MHz。

② 在Output选项中，单击选项"Create HEX File"，如图1-7所示，默认此项未选。该项用于生成可执行代码文件，即可烧写入单片机芯片的HEX格式文件，在应用Proteus仿真时，需选中此项。

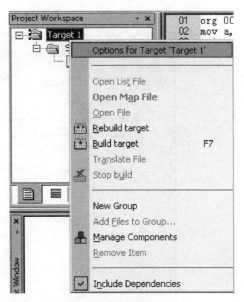

图1-5 工程目标属性选择界面

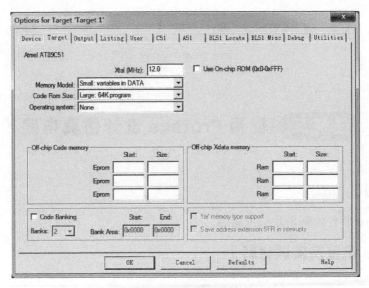

图1-6 目标设置界面

（5）编译、连接、调试

在设置好工程参数之后，即可进行程序编译、调试以及工程的连接。单击选择菜单栏Project->Build Target，则对源文件进行编译，生成目标代码，也可以应用工具栏进行对应操作，如图1-8所示，从左至右分别为编译、编译连接、全部重建编译、停止编译、下载、工程参数设置。

编译过程中的信息，会出现在输出窗口的Build页中，如果程序无语法错误，则出现"0 Error（s），0 Warnning（s）"，否则单击出现的错误进行相应检查。

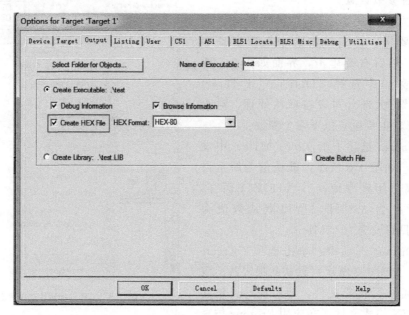

图 1-7　输出设置界面

图 1-8　部分工具栏

任务二　使用 Proteus 设计仿真电路

【任务描述】

使用 Proteus 软件绘制单片机电路图。

【实训仪器、设备及实训材料】

工具、设备和耗材	数量	工具、设备和耗材	数量
电脑	1 台	Keil μVision4	1 套

【实施过程及步骤】

1. Proteus 软件学习

Proteus 软件是英国 Labcenter Electronics 公司出版的 EDA（EDA 是电子设计自动化 Electronic Design Automation 的缩写）工具软件。它不仅具有其他 EDA 工具软件的仿真功能，还能仿真单片机及外围器件。Proteus 是一个将电路仿真软件、PCB 设计软件和虚拟模型仿真软件三合一的设计平台，其处理器模型支持 8051、HC11、PIC10/12/16/18/24/30/DSPIC33、AVR、ARM、8086 和 MSP430 等，高级版本甚至支持 Cortex 和 DSP 系列处理器。在编译方面，它也支持 IAR、Keil 和 MPLAB 等多种编译器。

2. Proteus 软件的初步使用

安装完 Proteus 后，运行 ISIS 7 Professional，出现启动界面，如图 1-9 所示。启动界面各主要部分功能如下。

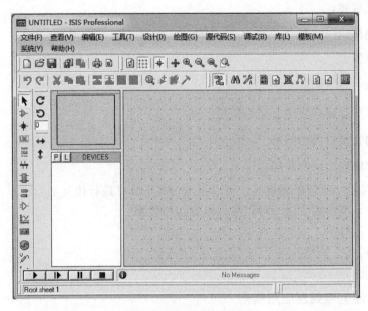

图 1-9 Proteus 启动界面

① 菜单栏　菜单栏共有 12 个部分，菜单栏的功能大部分可以通过工具栏中的图标完成，编辑原理图时使用工具栏中的图标更快捷方便。

② 原理图编辑区　启动主界面后，在该区域会出现蓝色方框，设计原理图时，元件需放到其中间。该区域窗口是没有滚动条的，需要用单击预览窗口，移动鼠标来改变原理图的可视范围，利用鼠标的滚动可以进行视图的缩放。

③ 预览窗口　预览窗口主要用于单个元件和整个原理图的预览。当添加元件后，点击元件列表中的某个元件，则可在预览窗口看到对应元件的形状、朝向，方便识别元件及调整元件方向。当鼠标点击原理图编辑区之后，预览窗口显示整个原理图，此时可以通过点击移动预览窗口，可以改变原理编辑区的可视范围。

④ 元件列表　此窗口用来显示用户所选择的元件，在需要编辑原理图时，鼠标点击该窗口对应的元件，再点击原理图编辑区，则可以把元件添加到原理图中。

⑤ 模型工具栏　顾名思义，模型工具栏用来选择对应的模型、配件、图形等，下面列出工具栏中部分图标及功能。

✦ 元件选择，点击此图标按钮，在元件列显示用户所选元件。

✚ 绘制总线，绘图时，采用总线可以让原理图更加简洁、直观。

▤ 终端接口，主要用来添加电源（POWER）、地（GROUND）等接口。

⊐▷ 器件引脚，用于绘制各种引脚。

虚拟仪表，添加各种仪器仪表，如示波器等。

直线，用来绘制直线图形、导线。

⑥ 调整工具栏

顺时针旋转，默认是旋转90°，通过旁边的输入框可输入对应的旋转角度，输入为90°的整数倍。

逆时针旋转。

水平翻转。

垂直翻转。

用于显示整个图形。

以鼠标所选窗口为中心显示图形。

放大编辑窗口内的图形。

缩小编辑窗口内的图形。

⑦ 仿真工具栏　原理图完成后，可以点击仿真工具栏进行仿真运行。

▶ 运行，单击该按钮，可以显示电路运行效果。

▶ 单步运行。

‖ 暂停。

■ 停止。

3. Proteus 绘制电路图应用实例

现在以绘制单片机最小系统图为例，进一步熟悉 Proteus 软件的使用方法。

（1）打开 ISIS Professional 的编辑界面

在桌面上选择【开始】→【程序】→"Proteus 7 Professional"，单击蓝色图标"ISIS 7 Professional"打开应用程序。操作如图 1-10 所示。

图 1-10　Proteus 7 Professional 打开菜单

在弹出的对话框中选择"No"，选中"以后不再显示此对话框"，关闭弹出提示。ISIS Professional 的编辑界面如图 1-9 所示。

（2）拾取元件

元件拾取，就是把元件从元件拾取对话框中，拾取到图形编辑界面的对象选择器中。元件拾取共有两种办法，现在分别介绍。

本例所用到的元件清单如表 1-1 所示。

表 1-1　单个 LED 闪烁元件清单

元件名称	所属类	所属子类
CAP-ELEC	Capacitors	Generic
CAP	Capacitors	Generic
CRYSTAL	Miscellaneous	
AT89C51	Microprocessor ICs	8051 Family
RES	Resistors	Generic

用鼠标左键单击图 1-9 界面左侧预览窗口下面的"P"按钮，弹出"Pick Devices"（元件拾取）对话框，如图 1-11 所示。

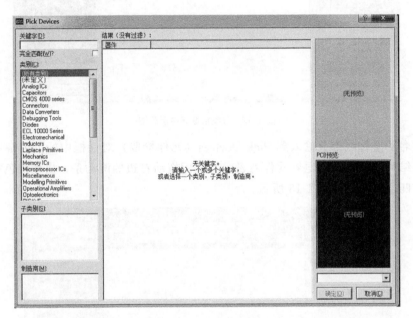

图 1-11　元件拾取对话框

① 方法一　按类别查找和拾取元件。

元件通常以其英文名称或器件代号在库中存放。在拾取一个元件时，首先要清楚它属于哪一大类，然后还要知道它归属哪一子类，这样就缩小了查找范围，然后在子类所列出的元件中逐个查找，根据显示的元件符号、参数来判断是否找到了所需要的元件。双击找到的元件名，该元件便拾取到编辑界面中了。

按照表 1-1 中的顺序来依次拾取元件。首先是充电电容 CAP-ELEC，在图 1-11 中打开的元件对话框中，在"Category"类中选中"Capacitors"电容类，在下方的"Sub-Category"（子类）中选中"Generic"，查询结果元件列表中有四个元件，如图 1-12 所示。选中"CAP-ELEC"，单击右下角的"确定"，元件拾取后对话框关闭。连续取元件时不要单击"确定"按钮，直接双击元件名可继续。

由图 1-12 可知，拾取元件对话框共分四部分，左侧从上到下分别为直接查找时的名称输入、大类列表、子类列表和生产厂家列表，中间为查到的元件列表，右侧自上而下分别为元件图形和元件封装。

② 方法二　直接查找和拾取元件。

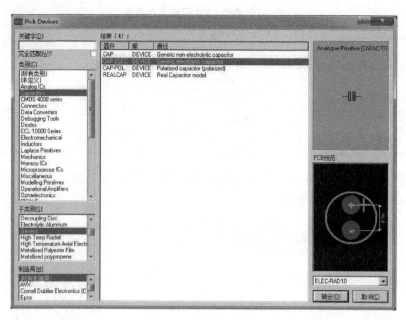

图 1-12　分类拾取元件示意图

　　把元件名的全称或部分输入到 Pick Devices（元件拾取）对话框中的"关键字"栏，在中间的查找结果中显示所有电容元件列表，用鼠标拖动右边的滚动条，出现灰色标示的元件即为找到的匹配元件，如图 1-13 所示。

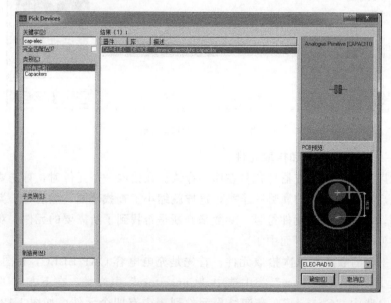

图 1-13　直接拾取元件示意图

　　这种方法主要用于对元件名熟悉之后，为节约时间而直接查找。对于初学者来说，还是分类查找比较好，一是不用记太多的元件名，二是对元件的分类有一个清晰的概念，利于以后对大量元件的拾取。

　　按照电容的拾取方法，依次把元件拾取到编辑界面的对象选择器中，然后关闭元件拾取对话框。元件拾取后的界面如图 1-14 所示。

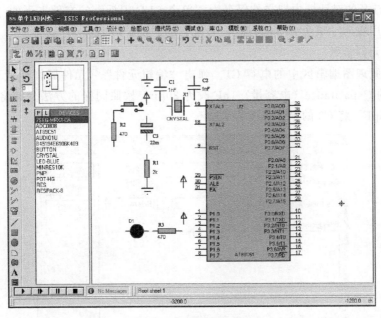

图 1-14 元件拾取后的界面

(3) 元件和电源放置

将元件从对象选择器中放置到图形编辑区中。用鼠标单击对象选择区中的某一元件名，把鼠标指针移动到图形编辑区，双击鼠标左键，元件即被放置到编辑区中。瓷片电容要放置两次，因为本例中用到 2 个瓷片电容。

左键单击左侧工具栏 图标，点击 POWER 和 GROUND，放置后的界面如图 1-15 所示。

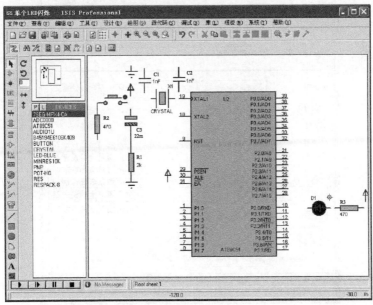

图 1-15 元件布置

　　元件存盘，建立一个名为"单个 LED 闪烁"的文件夹，选择"主菜单文件→Save De-sign As"，在打开的对话框中把文件保存为"单个 LED 闪烁"的文件夹下的"单个 LED 闪烁. DSN"，只用输入"单个 LED 闪烁"，系统自动添加扩展名。

　　(4) 改变元件参数

　　左键双击原理图编辑区中的电容 C1，弹出"编辑元件"（元件属性设置）对话框见图 1-16，把 C1 的 Capacitance（电容量）1nF 改为 30pF。按照同样的方法分别将电容 C2 的电参数修改为 30pF，将 C3 的容量修改为 $10\mu F$。

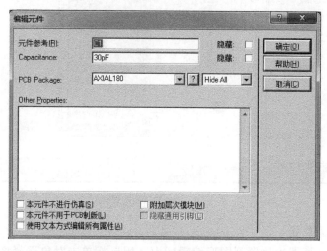

图 1-16　元件属性设置对话框

　　注意每个元件旁边显示的灰色的"<TEXT>"，为使电路图简洁，可以取消此文字显示。双击此文字，打开一个对话框，如图 1-17 所示。在该对话框中选择"Style"，先取消选择"可见"，再取消右边的"遵从全局设定"选项，单击"确定"即可。

图 1-17　"TEXT"属性设置对话框

(5) **电路连线**

电路连线采用按格点捕捉和自动连线的形式,所以首先确定编辑窗口上方的自动连线图标![icon]和自动捕捉图标![icon]为按下状态。Proteus 的连线是非常智能的,系统会判断下一步的操作是否想连线从而自动连线,而不需要选择连线的操作,只需用鼠标左键单击编辑区元件的一个端点拖动到要连接的另外一个元件的端点,先松开左键后再单击鼠标左键,即完成一根连线。如果要删除一根连线,右键双击连线即可。可按图标![icon]取消背景格点显示,如图1-18 所示。

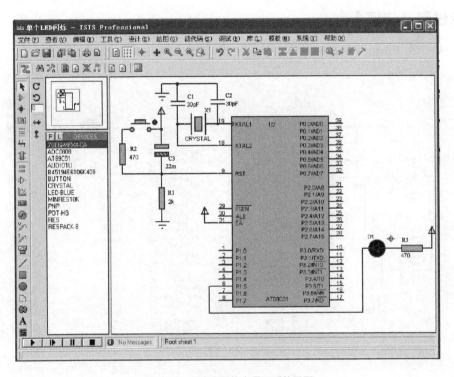

图 1-18 取消背景格点显示后的界面

连线完成后,如果再想回到拾取元件状态,按下左侧工具栏中的"元件拾取"图标![icon]即可,需要记住存盘。

任务三 控制一盏 LED 灯闪烁

【任务描述】

采用单片机的 P1.0 引脚控制一盏 LED,在 Proteus 软件和单片机实训板上,实现 LED 闪烁,并能控制闪烁速度。

【实训仪器、设备及实训材料】

工具、设备和耗材	数量	工具、设备和耗材	数量	工具、设备和耗材	数量
电脑	1 台	51 单片机下载线和 USB 线	1 根	杜邦导线	8P
Keil μVision4	1 套	晶振	1 只	STC89C51（或者 AT 89C51）	1 片
Proteus 软件	1 套	单片机实训板	1 块	稳压电源	1 台

【实施过程及步骤】

第一步　在 Proteus 仿真软件中，绘制一盏 LED 闪烁电路，如图 1-19 所示。

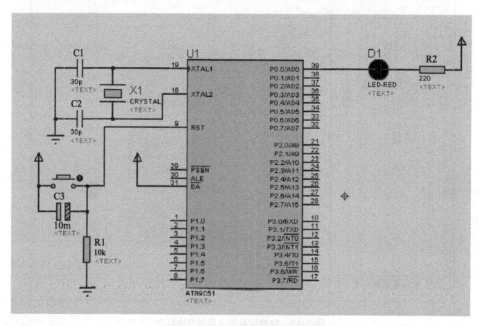

图 1-19　一盏 LED 闪烁电路

第二步　在 Keil μVision4 集成开发环境中，编写程序。

参考程序：

```c
#include <reg51.h>
sbit P0_0 = P0^0;
unsigned int i;
void main()
{   while(1)
    {
      P0_0 = 1;
      for(i = 0;i<5000;i++)
      {;
      }
      for(i = 0;i<5000;i++)
      {;
```

```
    }
    P0_0 = 0;
    for(i = 0;i<5000;i++)
    {;
    }
    for(i = 0;i<5000;i++)
    {;
    }
  }
}
```

第三步　配置工程，编译程序，输出设置界面见图1-20。

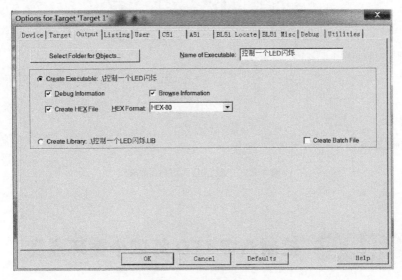

图 1-20　输出设置界面

第四步　软件调试程序（图1-21）。

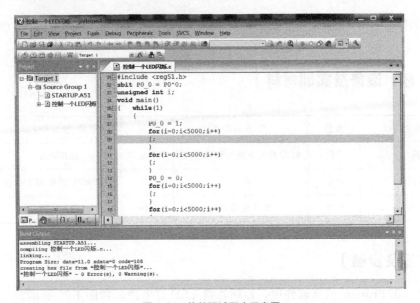

图 1-21　软件调试程序示意图

第五步　在 Proteus 中仿真程序（图 1-22）。

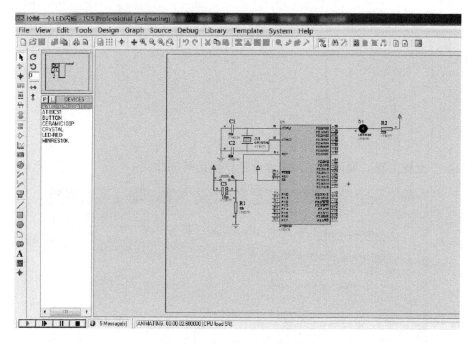

图 1-22　一盏 LED 闪烁仿真效果

任务四　控制八盏 LED 灯逐个循环点亮

【任务描述】

采用单片机的 P1 口控制八盏 LED，在 Proteus 软件和单片机实训板上，实现 LED 灯流水点亮。

【实训仪器、设备及实训材料】

工具、设备和耗材	数量	工具、设备和耗材	数量	工具、设备和耗材	数量
电脑	1 台	51 单片机下载线和 USB 线	1 根	杜邦导线	8P
Keil μVision4	1 套	晶振	1 只	STC89C51（或者 AT89C51）	1 片
Proteus 软件	1 套	单片机实训板	1 块	稳压电源	1 台

【实施过程及步骤】

第一步　在 Proteus 仿真软件中，绘制八盏 LED 灯电路，如图 1-23 所示。

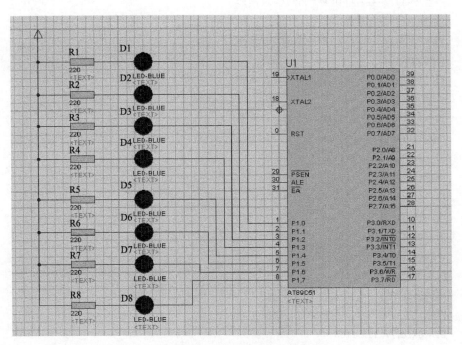

图 1-23　八盏 LED 灯逐个循环点亮电路

第二步　在 Keil μVision4 集成开发环境中，编写程序。

参考程序：

```
//函数功能:实现八盏 LED 灯流水点亮
#include <reg52.h>
//#define uchar unsigned char;
//#define uint unsigned int;
void delayms(unsigned char x)
{
  unsigned char i;//局部变量
  unsigned int j;
  for(i=x;i>0;i--)   //运行 i*5000 次空语句
  {
    for(j=5000;j>0;j--)
    {
    ;
    }
  }

}
void main()
{

  while(1)
  {
```

```
    P1 = 0Xfe;//1111 1110 第一个 LED 灯点亮
    delayms(10);//延时
    P1 = 0XFd;//1111 1101 第二个 LED 灯点亮
    delayms(10);
    P1 = 0Xfb;//1111 1011 第三个 LED 灯点亮
    delayms(10);
    P1 = 0Xf7;//1111 0111 第四个 LED 灯点亮
    delayms(10);
    P1 = 0Xef;//1110 1111
    delayms(10);
    P1 = 0Xdf;//1101 1111
    delayms(10);
    P1 = 0Xbf;//1011 1111
    delayms(10);
    P1 = 0X7f;//0111 1111
    delayms(10);
    /*
    P1 = 0Xfc;//1111 1100
    delayms(10);
    P1 = 0Xf3;//1111 0011
    delayms(10);
    P1 = 0Xcf;//1100 1111
    delayms(10);
    P1 = 0X3f;//0011 1111
    delayms(10);
    */
    }
}
```

第三步 配置工程，编译程序。

第四步 软件调试程序。

第五步 在 Proteus 中仿真程序，观察现象。

第六步 在 51 单片机开发板上下载这个程序，观察开发板和 Proteus 仿真电路现象有无区别。

任务五 控制八盏 LED 灯花式点亮

【任务描述】

采用单片机的 P1 口控制八盏 LED，在 Proteus 软件和单片机实训板上，实现 LED 灯多种样式点亮。

【实训仪器、设备及实训材料】

工具、设备和耗材	数量	工具、设备和耗材	数量	工具、设备和耗材	数量
电脑	1台	51单片机下载线和USB线	1根	杜邦导线	8P
Keil μVision4	1套	晶振	1只	STC89C51(或者AT89C51)	1片
Proteus软件	1套	单片机实训板	1块	稳压电源	1台

【实施过程及步骤】

第一步　在Proteus仿真软件中，绘制八盏LED灯电路，如图1-23所示。

第二步　在Keil μVision4集成开发环境中，编写程序。

参考程序：

(1) 点亮样式1：LED灯以2个为一组，循环点亮

```
#include <reg52.h>
void delayms(unsigned char x)
{
  unsigned char i;//局部变量
  unsigned int j;
  for(i=x;i>0;i--) //运行 i * 5000 次空语句
  {
    for(j=5000;j>0;j--)
    {
      ;
    }
  }
}
void main()
{
  while(1)
  {
    P1 = 0Xfc;//1111 1100
    delayms(10);
    P1 = 0Xf3;//1111 0011
    delayms(10);
    P1 = 0Xcf;//1100 1111
    delayms(10);
    P1 = 0X3f;//0011 1111
    delayms(10);
  }
}
```

(2) 点亮样式2：LED灯从上到下逐个点亮，然后从下往上再逐个点亮

```
#include <reg52.h>
#include <intrins.h>
#define led P1
```

```
void delayms(unsigned char x)
{
    unsigned char i; //局部变量
    unsigned int j;
    for(i = x;i>0;i- -) //运行 i * 5000 次空语句
    {
        for(j = 5000;j>0;j- -)
        {
            ;
        }
    }
}
void main()
{
    unsigned char i = 0;
    led = 0XFE;//1111 1110
    delayms(10);
    while(1)
    {
        for(i = 0;i<7;i+ +)
        {
            led = _crol_(led,1); //调用循环左移函数,需要包含头文件 intrins.h
            delayms(10);
        }
        for(i = 0;i<7;i+ +)
        {
            led = _cror_(led,1);//调用循环右移函数,需要包含头文件 intrins.h
            delayms(10);
        }
    }
}
```

第三步　配置工程，编译程序。

第四步　软件调试程序。

第五步　在 Proteus 中仿真程序，观察现象。

第六步　在 51 单片机上下载这个程序，观察开发板和 Proteus 仿真电路现象有无区别。

任务六　太阳能爆闪灯整体设计与制作

【任务描述】

采用单片机的 4 个 8 位 I/O 口分别控制一盏 LED，在 Proteus 软件或单片机实训板上，实现警示灯的效果。

【实训仪器、设备及实训材料】

工具、设备和耗材	数量	工具、设备和耗材	数量	工具、设备和耗材	数量
电脑	1台	51单片机下载线和USB线	1根	杜邦导线	8P
Keil μVision4	1套	晶振	1只	STC89C51(或者AT89C51)	1片
Proteus软件	1套	单片机实训板	1块	稳压电源	1台

【实施过程及步骤】

第一步　在 Proteus 仿真软件中，绘制爆闪灯电路，如图 1-24 所示。

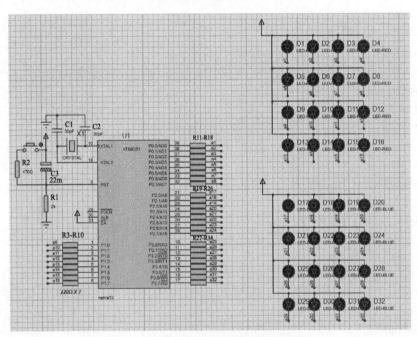

图 1-24　爆闪灯电路

第二步　在 Keil μVision4 集成开发环境中，编写程序。

参考程序：

```
# include <reg51. h>
# define uchar unsigned char
# define uint unsigned int
void delay(uint x)         //延时函数
{
    uint i,j
    for(i = 0;i<x;i ++ )
    for(j = 0;j<120;j ++ );
}
void led1()      //红蓝对闪
{
    P0 = 0xff;
    P1 = 0xff;
```

```
    P2 = 0;
    P3 = 0;
    delay(100);
    P0 = 0;
    P1 = 0;
    P2 = 0xff;
    P3 = 0xff;
    delay(100);
}
void led2()     //红蓝半闪
{
    P0 = 0xf0;
    P1 = 0xf0;
    P2 = 0xf0;
    P3 = 0xf0;
    delay(100);
    P0 = 0x0f;
    P1 = 0x0f;
    P2 = 0x0f;
    P3 = 0x0f;
    delay(100);
}
void led3()      //  红蓝半闪
{
    P0 = 0xff;
    P1 = 0;
    P2 = 0xff;
    P3 = 0;
    delay(100);
    P0 = 0;
    P1 = 0xff;
    P2 = 0;
    P3 = 0xff;
    delay(100);
}
void led4()      //  红蓝半闪
{
    P0 = 0xaa;
    P1 = 0xaa;
    P2 = ~0xaa;
    P3 = ~0xaa;
    delay(100);
    P0 = ~0xaa;
    P1 = ~0xaa;
    P2 = 0xaa;
```

```
    P3 = 0xaa;
    delay(100);
}
void main()
{
  while(1)
  {
    uint i;
    for(i = 0;i<5;i++)    //循环闪烁 5 次
    led1();
    for(i = 0;i<5;i++)
    led2();
    for(i = 0;i<5;i++)
    led3();
    for(i = 0;i<5;i++)
    led4();
  }

}
```

第三步　　配置工程，编译程序。

第四步　　软件调试程序。

第五步　　在 Proteus 中仿真程序，如图 1-25 所示。

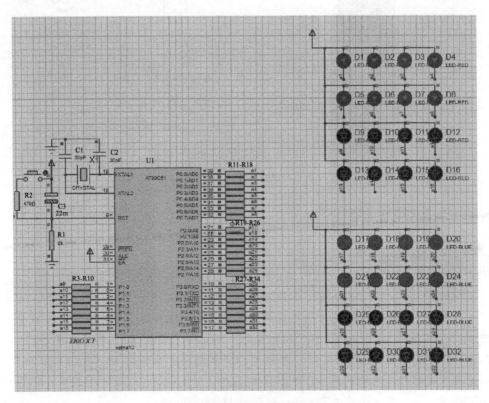

图 1-25　爆闪灯仿真效果

项目相关知识

知识点一 初识单片机

单片机在我们日常生活中几乎无处不在，全自动洗衣机、厨房排烟机、DVD 机等各种家用电器上都可以找到它的影子，单片机在这些电器中担当控制核心的角色，相当于人体大脑的功能。

单片机的发展经历了由 4 位到 8 位，再到 16 位，直至今天高端 32 位单片机。目前 8 位单片机应用仍然非常广泛，本书主要以极具代表性的 MCS-51 系列为学习研究对象，介绍 51 系列单片机的硬件结构、工作原理及应用系统的设计。

单片机也称为微控制器（Micro Controller Unit），英文缩写为 MCU。它是一个小而完善的计算机系统，集成了中央处理器 CPU、随机存储器 RAM、只读存储器 ROM、多种 I/O 接口和中断系统，常见的 51 系列采用双列直插 DIP40 的封装方式，图 1-26 所示为型号为 AT89S51 的单片机实物，共有 40 只引脚，在区分引脚时，引脚朝下，"缺口"左端为第 1 脚，依次往下直到 20 引脚，20 引脚直对为 21 引脚，依次往上，直至 40 引脚。引脚示意图如图 1-27 所示。

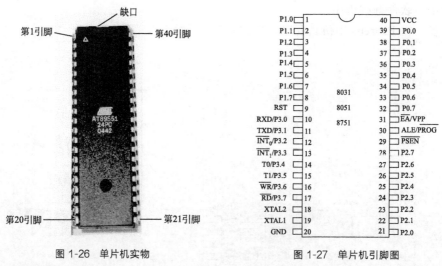

图 1-26　单片机实物　　　　　　　　图 1-27　单片机引脚图

温馨提示

　AT89C51/52、AT89S51/52、STC89C51/52 单片机芯片引脚类似，功能稍有区别。AT89C51/52 这两个芯片只能用烧录器下载程序，烧录器价格比较贵，目前实际应用较少；AT89S51/52 可以用 ISP 下载程序；STC89C51/52 系列单片机是 STC 公司（宏晶科技有限公司）生产的芯片，可以串口下载程序，比较方便，在国内应用广泛。实训室开发板的芯片用的就是 STC89C52 的芯片，用 Proteus 仿真的时候单片机芯片选择 AT89C51/52，可以代替 AT89S51/S52、STC89C51/52。

AT89S51 主要引脚功能介绍见表 1-2。

表 1-2　AT89S51 主要引脚功能

引脚名称	引脚功能	备注
VCC(第 40 脚)	电源	4.0～5.5V
GND(第 20 脚)	接地	
XTAL1(第 19 脚)	片内振荡电路输入端	频率 0～33MHz
XTAL2(第 18 脚)	片内振荡电路输出端	
RST(第 9 脚)	复位引脚	两个机器周期高电平使单片机复位
EA/VPP(第 31 脚)	程序存储器片选端	接高电平时选择内部程序存储器
ALE/PROG(第 30 引脚)	地址锁存允许信号	在系统扩展时使用
P0.0～P0.7	8 位双向 I/O 口	用 P0 驱动门电路时,必须加上拉电阻
P1.0～P1.7	8 位准双向 I/O 口	P1 口
P2.0～P2.7	8 位准双向 I/O 口	P2 口
P3.0～P3.7	8 位准双向 I/O 口	P3 口,具有第二功能,在项目二中介绍

知识点二　单片机基本结构

51 系列单片机主要由一个 8 位通用中央处理器（CPU）、程序存储器（ROM）、数据存储器（RAM）、定时/计数器、并行端口、串行端口、中断控制系统、系统总线和外围电路等组成，其内部结构示意图如图 1-28 所示。

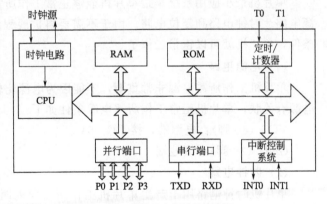

图 1-28　单片机内部结构示意图

(1) 中央处理器（CPU）

CPU 是单片机的控制核心，MCS-51 系列中的 CPU 是 8 位数据宽度的处理器，能处理 8 位的二进制数据或代码，主要的作用是进行运算和控制输入/输出等操作。

(2) 片内数据存储器（RAM）和特殊功能寄存器（SFR）

RAM 用于存放读写的数据、运算的中间结果或用户定义的字型表，共有 128 个 8 位的数据存储单元。

SFR 是专用寄存器，只能用于存放控制指令数据，用户只能访问，而不能用于存放用户数据。

(3) 程序存储器（ROM）

ROM 是用于存放用户程序、原始数据或表格的场所，AT89S51 单片机有 4KB 的程序存储空间，当 EA/VPP（第 31 脚）接高电平时，单片机首先执行片内程序存储器内的程序，然后执行片外存储器的程序，当 EA/VPP（第 31 脚）接低电平时，只执行片外存储器的程序。在单片机运行状态下，ROM 中的数据只能读，不能写，所以又叫只读存储器。

（4）定时/计数器（T0、T1）

两个 16 位定时/计数器，可用作定时器，也可用以对外部脉冲进行计数中断。

（5）并行端口

51 系列单片机有 4 个 I/O 端口，每个端口都是 8 位准双向口，共占 32 只引脚。每个端口都包括一个锁存器（即专用寄存器 P0～P3）、一个输出驱动器和一个输入缓冲器。

（6）串行端口

全双工串行通信口，用于与其他设备间的串行数据通信，该串行口既可以用作异步通信收发器，也可以当同步移位器使用。

（7）中断控制系统

51 系列单片机有两个外部中断、两个定时/计数器中断和一个串行中断。

（8）内部时钟电路

内部时钟电路用于产生单片机运行的脉冲时序。

知识点三　单片机最小应用系统

单片机最小应用系统是指单片机能够正常工作所需要的基本条件，主要包括三部分：电源电路、时钟电路和复位电路。由于不需要再扩展程序存储器，EA 需接高电平，满足上述条件，单片机就可以正常工作了。

（1）电源电路

单片机工作所需电源非常重要，不能因为电源比较简单而有所忽视，近一半的故障都与电源有关联，单片机正常工作所需电源条件如下：

VCC（40 脚）：电源端，接 DC+5V。

GND（20 脚）：接地端。

（2）时钟电路

单片机时钟电路用于产生单片机工作所需要的时钟信号，保证各部件协调一致进行工作。时钟电路主要包括内部振荡和外部振荡两种方式。

① 内部振荡方式　接法如图 1-29 所示，引脚 XTAL2 和 XTAL1 间接一个晶体振荡器及两个电容便可构成一个稳定的自激振荡器。时钟电路中电容典型值为 30pF，51 系列单片机的晶体振荡器频率通常为 6MHz 或 12MHz，在通信系统中则常用 11.0592MHz。

② 外部振荡方式　外部振荡就是利用外部已有时钟信号接入单片机内，接法如图 1-30 所示。

单片机运行时，设计执行时间及定时器时，有几个比较重要的概念：振荡周期、状态周期、机器周期、指令周期。

① 振荡周期　振荡周期也称为时钟周期，为单片机提供时钟信号的振荡源周期，用 P 表示，时间为 $1/f_{osc}$，其中 f_{osc} 代表晶振频率。它是单片机中最小的、最基本的时间单位。

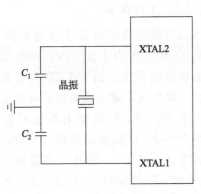

图 1-29 内部振荡方式

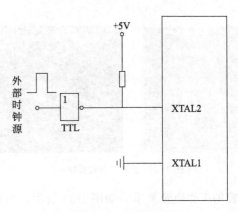

图 1-30 外部振荡方式

② 状态周期 振荡源信号经二分频后形成的时钟脉冲信号，为振荡周期的 2 倍，用 S 表示，即为 $2/f_{osc}$。

③ 机器周期 完成一个基本操作所需的时间，通常为 12 个振荡周期，时间为 $12/f_{osc}$。

④ 指令周期 CPU 执行一条指令所需要的时间，一个指令周期通常含有 1~4 个机器周期。

(3) 复位电路

使单片机内部各寄存器的值变为确定的初始状态的操作称为复位，单片机复位后从程序的第一条指令开始执行。

当系统处于正常工作状态时，且振荡器稳定后，如果 RST 引脚上有一个高电平并维持 2 个机器周期以上，则 CPU 就可以响应并将系统复位。单片机的复位方式可分为通电复位和手动按键复位，电路分别如图 1-31 和图 1-32 所示。

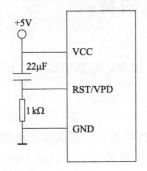

图 1-31 通电复位电路

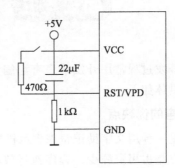

图 1-32 手动按键复位电路

知识点四 认识 LED

1. LED 基本信息

LED（Light Emitting Diode），发光二极管，是一种把电能转化为光能的固态半导体器件，常见的发光二极管（图 1-33）有红色、绿色、蓝色等。

图 1-33　发光二极管实物

2. LED 工作条件

小功率的发光二极管工作电流为 10～30mA，工作电压为 1.5～3V，高亮发光二极管工作电流稍大。由于 LED 具有单向导电特性，要使其正常工作需加正向电压。

由于 P1～P3 口内部上拉电阻阻值较大，当 P1～P3 口引脚输出高电平时，输出电流约为 30～65μA，较小，不能满足发光二极管的工作电流要求，如图 1-34 所示。当输出低电平时，下拉 MOS 管导通，倒灌电流约为 1.6～15mA，带负载能力较强，如图 1-35 所示，因而在 MCS-51 系列单片机点亮 LED 时常采用低电平点亮方式。

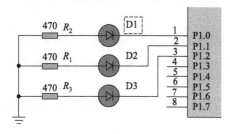

图 1-34　LED 高电平点亮方式

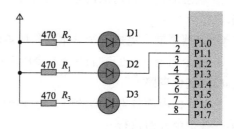

图 1-35　LED 低电平点亮方式

知识点五　C 语言的特点

在单片机开发过程常用开发语言有汇编语言和 C 语言，汇编语言和 C 语言在开发单片机时的优缺点具体如下。

1. 汇编语言的优缺点

汇编语言是一种用文字助记符来表示机器指令的符号语言，是最接近机器代码的一种语言。其主要优点是占用资源少、程序执行效率高。其缺点是对于不同的 CPU，其汇编语言可能有所差异，不易移植。

2. C 语言的优缺点

① 可移植性好　不同系列的单片机 C 语言都是以 ANSI C 为基础进行开发的，在 C 语言环境下所编写的 C 语言程序，只需要将与硬件相关的部分和编译连接的参数进行适当修改，就可以方便地移到另外系列的单片机上。

② 模块化开发　C 语言是一种结构化程序设计语言，C 语言程序具有完善的模块程序结构，在软件开发中方便进行多人联合开发。因此，用 C 语言来编写目标系统软件，会大大缩短开发周期，且明显地增加软件的可读性，使其便于改进和扩充，进而编写出规模更大、性能更完备的系统。

③ 缺点　C 语言占用资源较多，执行效率没有汇编语言高。

3. C 语言与汇编语言程序编写的不同之处

① C 语言严格区分大小写字母，一般使用小写字母，C 语言的关键字均为小写字母，而汇编语言不区分大小写字母，大小写字母可以混用。

② C 语言不使用行号，一行可以书写多条语句，每条语句后面必须以";"作为结束。

③ C 语言中一个完整的程序模块需要由花括号"｛｝"括起来，且花括号必须成对出现。

④ C 语言注释需要使用"/＊　＊/"或"//"，而汇编语言则使用";"。

知识点六　C 语言程序结构

单片机 C 语言程序通常由头文件、主函数、函数三部分所组成，例如：

```
# include ＜reg51.h＞        //调用 C 语言头文件
# include＜intrins.h＞         //将内部函数包含到程序中
sbit P16 = P1^6;            //定义变量
void delay()        //定义完成某个功能的函数
{
}
main()     //  主函数,程序从主函数开始执行
{
//函数体
}
```

1. 头文件

头文件定义了 I/O 的地址、参数、符号等，例如：在编写程序时经常用到的 P1，就是在头文件中预先定义的，如 sfr P1＝0x90。

头文件 reg51.h 为 51 单片机的头文件，一般在 C:\KEIL\C51\INC 下。

2. 主函数

从 C 语言的结构上划分，C 语言函数可分主函数和普通函数两类。一个 C 语言程序必须包含一个主函数（有且只有一个主函数），也可以由一个主函数和若干其他函数组成，主函数可以放在程序的任何位置，但程序是从主函数的第一条语句 main（）处开始执行。

3. 函数

C 语言函数从用户使用的角度来划分，可分为两种：库函数和用户自定义函数。

C 语言的库函数是由 Keil Cx51 编译器提供的，它是由系统的设计者根据一般用户的需要编制并提供用户使用的一组程序，集中放在系统的函数库中，所以又称为库函数。库函数可以帮助我们完成某些特定功能，减轻了程序开发人员的工作量。在程序的编写过程中，应当尽可能多地使用库函数，这样既可以提高程序的运行效率，又可以提高编程的质量。

用户根据自身需要而编写的函数称为自定义函数（也称为用户定义函数）。对用户自定义函数，需要在程序中定义函数本身，而且在函数调用模块中需要对被调用函数进行类型说明才能调用它。

项目 二

简易电子时钟的设计与制作

图 2-1 常见电子时钟产品

本项目从最经典的微控制器应用项目——电子时钟的设计与制作入手，让读者对微控制器有一个感性的认识，详细讲解了独立键盘和矩阵键盘的设计与制作方法，并将项目实施过程所需要的中断、定时器/计数器、数码管显示等知识渗入相关训练任务之中，帮助读者更好地掌握和理解这些枯燥的理论知识。借助 Protues 仿真软件、微控制器实训板和多个趣味性训练任务，把读者带到神奇的微控制器世界，在轻松、快乐的学习情境中，快速学习微控制器的内部结构、C 语言编程、微控制器软硬件仿真与调试等。常见的电子时钟产品如图 2-1 所示。

 学习目标

技能目标	1.会设计与制作单片机简单应用电路； 2.能够利用 Keil 编程软件编写简单或较复杂的应用程序； 3.能够利用万用表、示波器等工具对常用智能电子产品进行调试和检修。
知识目标	1.掌握单片机 C 语言程序的简单编程方法； 2.掌握 51 系列单片机常用输入与输出接口电路； 3.掌握 51 系列单片机常用的键盘技术与数码管显示技术。

 项目描述及任务分解

利用单片机的内部资源设计一个简单的电子时钟，可以让大家更好地理解单片机的内部资源，比如单片机的中断系统、定时器/计数器。在本项目中利用单片机的 I/O 端口控制 3 个两位的数码管分别显示时、分、秒数字，并利用单片机的 I/O 端口控制 3 个独立按键，可以对时间进行简单的调试，计时采用单片机内部定时器，定时 1s。按照项目要求，把本项目分解成以下七个任务：

任务一 一位共阳数码管 0～9 循环显示；

任务二 两位共阳数码管 0～59 循环显示；

任务三 按键控制数码管显示；

任务四 外部中断控制 LED 灯的亮灭；

任务五 外部中断控制数码管；

任务六 定时器控制一个 LED 闪烁；

任务七 简易电子时钟整体设计与制作。

任务一 一位共阳数码管 0～9 循环显示

【任务描述】

利用单片机的 P3 口控制一位共阳数码管实现 0～9 循环显示。

【实训仪器、设备及实训材料】

工具、设备和耗材	数量	工具、设备和耗材	数量	工具、设备和耗材	数量
电脑	1 台	51 单片机下载线和 USB 线	1 根	杜邦导线	8P
Keil μVision4	1 套	晶振	1 只	STC89C51（或者 AT89C51）	1 片
Proteus 软件	1 套	单片机实训板	1 块	稳压电源	1 台

【实施过程及步骤】

第一步 在 Proteus 仿真软件中，绘制一位共阳数码管显示电路，如图 2-2 所示。

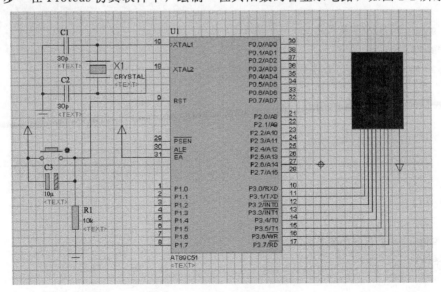

图 2-2 一位共阳数码管显示电路

第二步　在 Keil μVision4 集成开发环境中，编写程序。

参考程序1：

```
//一位共阳数码管静态显示3
//作业:一位共阳数码管静态显示6
#include <reg51.h>
void main()
{
  while(1)
  {
  P3 = 0XB0;//给 P3 赋共阳数码管数字 3 的段码 0XB0
  }
}
```

 温馨提示

　　如果要想使得共阳数码管数字"3."，根据数码管显示的原理，dp 对应的二极管要点亮，故段码值为 0X30，读者可以试验一下。

参考程序2：

```
//一位共阳数码管实现 0~9 循环显示
#include <reg51.h>
char
table[] = {0XC0,0XF9,0XA4,0XB0,0X99,0X92,0X82,0XF8,0X80,0X90,0X88,0X83,0XC6,0XA1,0X86,0X8E};
//定义一个 char 型字符数组 table,存储共阳数码管 0~F 的字段码
char table2[] = {0XC0,0XF9,0XA4,0XB0,0X99,0X92,0X82,0XF8,0X80,0X90};
//定义一个 char 型字符数组 table2,存储共阳型数码管 0~9 的字段码
void delayms(unsigned char x)   //延时函数
{
  unsigned char i;//局部变量
  unsigned int j;
  for(i = x;i>0;i--)   //运行 i * 5000 次空语句
  {
    for(j = 5000;j>0;j--)//
    {
    ;
    }}
}
void main()
{
  unsigned char i;//局部变量
  while(1)
  {
    for(i = 0;i<10;i++)
```

```
        {
            P3 = table2[i];//调用 table2 数组,给 P3 赋段码
            delayms(20);
        }
    }
}
```

第三步　配置工程,编译程序。

第四步　软件调试程序。

第五步　在 Proteus 中仿真程序,结果如图 2-3 所示。

第六步　在 51 单片机开发板上下载这个程序,观察开发板和 Proteus 仿真电路现象有无区别。

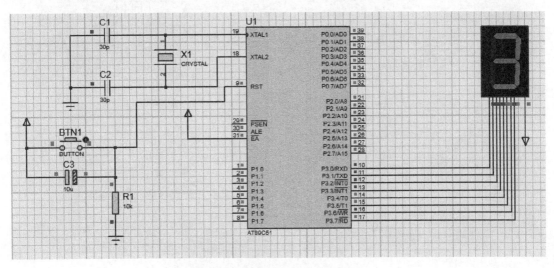

图 2-3　一位共阳数码管显示数字"3"

任务二　两位共阳数码管 0~59 循环显示

【任务描述】

利用单片机的 P1 口接数码管的段选端,P2.0 和 P2.1 控制数码管的位选端,实现两位共阳数码管 0~59 循环显示的功能。

【实训仪器、设备及实训材料】

工具、设备和耗材	数量	工具、设备和耗材	数量	工具、设备和耗材	数量
电脑	1 台	51 单片机下载线和 USB 线	1 根	杜邦导线	8P
Keil μVision4	1 套	晶振	1 只	STC89C51(或者 AT 89C51)	1 片
Proteus 软件	1 套	单片机实训板	1 块	稳压电源	1 台

【实施过程及步骤】

第一步　在 Proteus 仿真软件中，绘制两位共阳数码管显示电路，如图 2-4 所示。

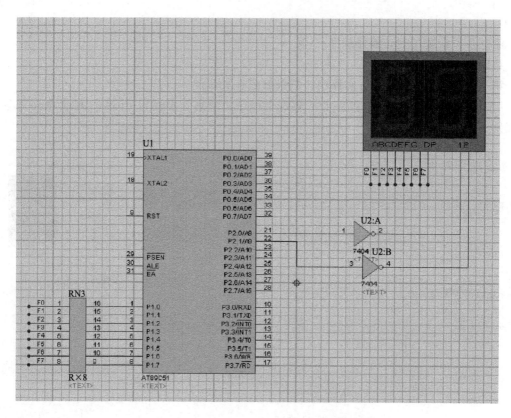

图 2-4　两位共阳数码管 0~59 循环显示电路

 温馨提示

图中 R×8 指的是相互独立的 8 个等值电阻，内部由 8 个阻值相同的电阻构成。

第二步　在 Keil μVision4 集成开发环境中，编写程序。

参考程序：

```
# include <reg51. h>
# define uchar unsigned char
# define uint unsigned int
uchar
code tab[ ] = {0xc0,0xf9,0xa4,0xb0,0x99,0x92,0x82,0xf8,0x80,0x90};//共阳数码管数字 0~9 的段码
sbit P2_0 = P2^0;
sbit P2_1 = P2^1;
uint num,count;//num 定义为全局变量
//*********************************************************
```

```
//延时函数
//************************************************************
void delay(uint x)              //定义延时函数
{
  uint  i,j;     //定义无符号整型变量
      for(i = 0;i<x;i++)     //循环语句
            for(j = 0;j<120;j++);  //循环语句,空循环
}
void display()//定义显示函数
{
  P2_0 = 0;//开启数码管的十位的位选端,位码
  P2_1 = 1;//关闭数码管的个位的位选端,位码
  P1 = tab[num/10];   //分离十位变量,如 35/10 = 3      123/10 = 12
  delay(10);
  P2_0 = 1;//关闭数码管的十位的位选端,位码
  P2_1 = 0;//开启数码管的个位的位选端,位码
  P1 = tab[num % 10];   //分离个位变量,如 35 % 10 = 5
  delay(10);
  P1 = 0XFF;//消隐
}
void jishu()
{
  count ++ ;
  if(count = = 10)
  {
    num ++ ;
    count = 0;
    if(num = = 60)
    num = 0;
  }
}

void main()
{
  while(1)
  {
    display();//调用显示函数
    jishu();  //调用计数函数
  }
}
```

第三步 配置工程,编译程序。

第四步 软件调试程序。

第五步　在 Proteus 中仿真程序，如图 2-5 所示。

第六步　在 51 单片机开发板上下载这个程序，观察开发板和 Proteus 仿真电路现象有无区别。

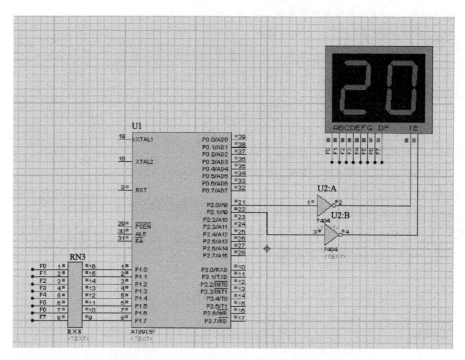

图 2-5　两位共阳数码管 0~59 循环显示电路仿真效果

任务三　按键控制数码管显示

【任务描述】

利用单片机的 P1 口接数码管的段选端，P2.0 和 P2.1 控制数码管的位选端，P3.0 和 P3.1 接两个独立按键，实现按键控制数码管加减的功能。

【实训仪器、设备及实训材料】

工具、设备和耗材	数量	工具、设备和耗材	数量	工具、设备和耗材	数量
电脑	1 台	51 单片机下载线和 USB 线	1 根	杜邦导线	8P
Keil μVision4	1 套	晶振	1 只	STC89C51（或者 AT89C51）	1 片
Proteus 软件	1 套	单片机实训板	1 块	稳压电源	1 台

【实施过程及步骤】

第一步 在 Proteus 仿真软件中,绘制按键控制数码管加减的电路,如图 2-6 所示。

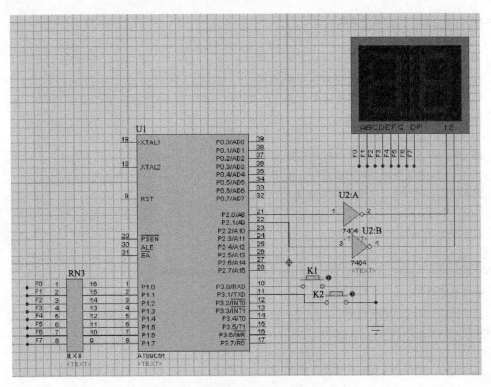

图 2-6 按键控制数码管加减显示电路

第二步 在 Keil μVision4 集成开发环境中,编写程序。

参考程序:

```c
# include <reg51.h>
# define uchar unsigned char
# define uint  unsigned int
uchar
code tab[] = {0xc0,0xf9,0xa4,0xb0,0x99,0x92,0x82,0xf8,0x80,0x90};//共阳数码管数字 0~9 的段码
sbit P2_0 = P2^0;
sbit P2_1 = P2^1;
sbit P3_0 = P3^0;
sbit P3_1 = P3^1;

uint num,count;//num 定义为全局变量
//*****************************************************
//延时函数
//*****************************************************
void delay(uint x)              //定义延时函数
{
```

```c
    uint  i,j;     //定义无符号整型变量
    for(i=0;i<x;i++)     //循环语句
          for(j=0;j<120;j++);   //循环语句,空循环
}
void display()//定义显示函数
{
    P2_0=0;//开启数码管的十位的位选端,位码
    P2_1=1;//关闭数码管的个位的位选端,位码
    P1=tab[num/10];   //分离十位变量,如35/10=3     123/10=12
    delay(10);

    P2_0=1;//关闭数码管的十位的位选端,位码
    P2_1=0;//开启数码管的个位的位选端,位码
    P1=tab[num%10];   //分离个位变量,如35%10=5
    delay(10);
    P1=0XFF;//消隐
}
//**************************************************************
//按键判断函数
//**************************************************************
void key_press()
{
    if(P3_0==0)//判断加1按键是否按下
        {   count++;//count加1
        if(count==60)   count=0;//如果count==60,则清零
            while(P3_0==0);  //判断加1按键是否松开,每次按下K1闭合、松开后才执行一次
        }

        if(P3_1==0&&count!=0)//判断减1按键是否按下,count是否减为0
        {   count--;          //count减1
          while(P3_1==0);  //判断减1按键是否松开,每次按下K2闭合、松开后才执行一次
          }
}
void main()
{
    while(1)
    {
      display();//调用显示函数
      key_press();  //调用按键判断函数
    }
}
```

第三步　配置工程,编译程序。

第四步　软件调试程序。

第五步 在 Proteus 中仿真程序，如图 2-7 所示。

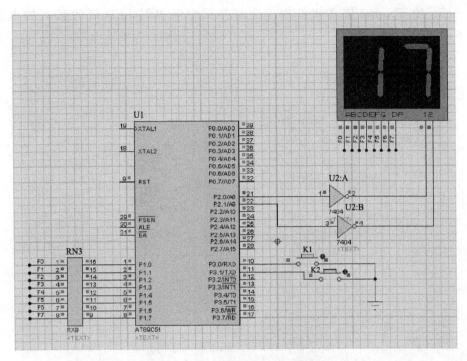

图 2-7 按键控制数码管加减仿真效果

任务四 外部中断控制 LED 灯的亮灭

【任务描述】

利用单片机的 P0 口接四个 LED 灯，P3.2 和 P3.3 接两个独立按键，利用外部中断功能实现两个按键分别对 LED 灯的开关功能。

【实训仪器、设备及实训材料】

工具、设备和耗材	数量	工具、设备和耗材	数量	工具、设备和耗材	数量
电脑	1台	51单片机下载线和USB线	1根	杜邦导线	8P
Keil μVision4	1套	晶振	1只	STC89C51(或者 AT89C51)	1片
Proteus 软件	1套	单片机实训板	1块	稳压电源	1台

【实施过程及步骤】

第一步　在 Proteus 仿真软件中，绘制外部中断控制 LED 灯的亮灭的电路，参考图 2-8。

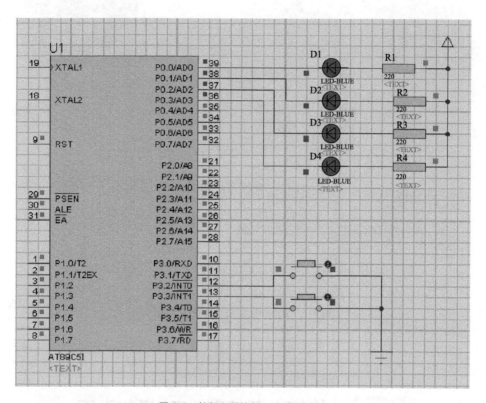

图 2-8　外部中断控制 LED 灯的亮灭

第二步　在 Keil μVision4 集成开发环境中，编写程序。

参考程序：

```
//最简单的一个中断服务程序,功能:利用外部中断 0 点亮四个 LED 灯
#include <reg51.h>
void main()
{
  EX0 = 1;//外部中断 0 中断允许位为 1
  EX1 = 1;
  EA = 1;//CPU 开总中断(即 EA = 1)
  while(1)
  {
  ;
  }

}
//中断服务子程序
void zhongduan0()interrupt 0//中断服务程序　0 代表外部中断 0 的中断编号
```

```
    {
        P0 = 0XF0;//使得四个 LED 灯
    }
    void zhongduan1()interrupt 2//中断服务程序
    {
        P0 = 0XFf;//关闭四个 LED 灯
    }
```

第三步 配置工程，编译程序。

第四步 软件调试程序。

第五步 在 Proteus 中仿真程序。

第六步 在 51 单片机开发板上下载这个程序，观察开发板和 Proteus 仿真电路现象有无区别。

温馨提示

　　由于程序运行是一个动态效果，所以在此并未给出 Proteus 仿真效果图，请同学们自行观察并比较。

任务五　外部中断控制数码管

【任务描述】

　　利用单片机的 P1 口接数码管的段选端，P2.0 和 P2.1 控制数码管的位选端，外部中断引脚 P3.2 和 P3.3 接两个独立按键，实现利用外部中断 0 和 1 控制的按键实现数码管加减的功能。

【实训仪器、设备及实训材料】

工具、设备和耗材	数量	工具、设备和耗材	数量	工具、设备和耗材	数量
电脑	1台	51单片机下载线和 USB 线	1根	杜邦导线	8P
Keil μVision4	1套	晶振	1只	STC89C51(或者 AT89C51)	1片
Proteus 软件	1套	单片机实训板	1块	稳压电源	1台

【实施过程及步骤】

第一步 在 Proteus 仿真软件中，绘制外部中断控制数码管加减的电路，参考图 2-9。

第二步 在 Keil μVision4 集成开发环境中，编写程序。

第三步 配置工程，编译程序。

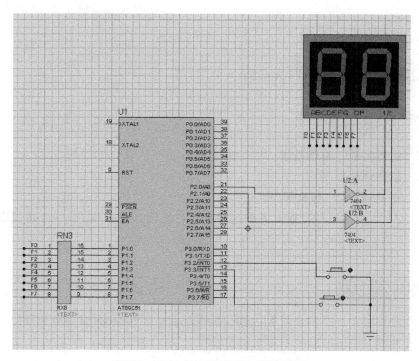

图 2-9　外部中断控制数码管加减显示电路

参考程序：

```
#include <reg51.h>
#define uchar unsigned char
#define uint unsigned int
uchar code tab[] = {0xc0,0xf9,0xa4,0xb0,0x99,0x92,0x82,0xf8,0x80,0x90};//共阳数码管数字0~9的段码
sbit P2_0 = P2^0;
sbit P2_1 = P2^1;
uchar num,count;//num定义为全局变量
//************************************************************
//延时函数
//************************************************************
void delay(uint x)          //定义延时函数
{
uint  i,j;    //定义无符号整型变量
for(i = 0;i<x;i++)    //循环语句
for(j = 0;j<120;j++);  //循环语句,空循环
}
void display()//定义显示函数
{
  P2_0 = 0;//开启数码管的十位的位选端,位码
  P2_1 = 1;//关闭数码管的个位的位选端,位码
  P1 = tab[num/10];  //取整,分离十位变量,如35/10 = 3    123/10 = 12
  delay(10);
```

```
    P2_0 = 1;//关闭数码管的十位的位选端,位码
    P2_1 = 0;//开启数码管的个位的位选端,位码
    P1 = tab[num % 10];    //取余,分离个位变量,如 35 % 10 = 5
    delay(10);
    P1 = 0XFF;//消隐
}
/ *
void jishu()
{
    count ++ ;
    if(count = = 10)
    {
        num ++ ;    //123
        count = 0;
        if(num = = 100)
        num = 0;


    }
}
 * /
void main()
{
    IT0 = 1;//设置外部中断 0 为下降沿触发
    EX0 = 1;//外部中断 0 的中断允许位为 1,打开外部中断 0 的小开关
    IT1 = 1;
    EX1 = 1;
    EA = 1;//五个中断源的总开关
    while(1)
    {
        display();//调用显示函数
    //  jishu();   //调用计数函数

    }
}
void shumgjia()interrupt 0   //中断服务子程序
{
    num = num + 1;
    if(num = = 100)
    num = 0;
}
void shumgjj()interrupt 2   //外部中断 1 的中断服务子程序
{
    num = num - 1;
```

```
    if(num = = 255)
      {
        num = 99;
      }


}
```

第四步　软件调试程序。

第五步　在 Proteus 中仿真程序，如图 2-10 所示。

第六步　在 51 单片机开发板上下载这个程序，观察开发板和 Proteus 仿真电路现象有无区别。

温馨提示

同学们可以删掉 jishu（）函数的注释部分，比较实验效果。

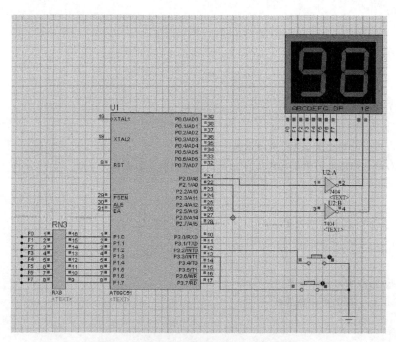

图 2-10　外部中断控制数码管加减仿真效果图

任务六　定时器控制一个 LED 闪烁

【任务描述】

利用单片机的定时器 0 精确延时 0.5s，控制一个 LED 以 0.5s 的速度进行闪烁。

【实训仪器、设备及实训材料】

工具、设备和耗材	数量	工具、设备和耗材	数量	工具、设备和耗材	数量
电脑	1 台	51 单片机下载线和 USB 线	1 根	杜邦导线	8P
Keil μVision4	1 套	晶振	1 只	STC89C51(或者 AT89C51)	1 片
Proteus 软件	1 套	单片机实训板	1 块	稳压电源	1 台

【实施过程及步骤】

第一步　在 Proteus 仿真软件中，绘制定时器控制一个 LED 闪烁的电路，参考图 2-11。

第二步　在 Keil μVision4 集成开发环境中，编写程序。

第三步　配置工程，编译程序。

参考程序：

```
#include <reg51.h>
sbit LED = P1^0;
unsigned char num;
void main()
{
    TMOD = 0X01;//设置定时器 0 工作方式 1
    TH0 = (65536 - 50000)/256;/* TH0 是存高八位的初值,初值 = 65536 - 50000 = 15536,故定时器工作方
式 1 的初值是 15536,它一次可以计数 50000 次,即 50ms */
    //TH0 = 0X3C;
    //一个数除以 2 的多少次方,就是把这个数的二进制数向左移多少位,即提取该数的高 8 位
    TL0 = (65536 - 50000)%256;/* TL0 是存低八位的初值,初值 = 65536 - 50000 = 15536,故定时器工作
方式 1 的初值是 15536,它一次可以计数 50000 次,即 50ms */
    //TL0 = 0XB0;
    //一个数余 2 的多少次方,就是把这个数的二进制数向右移多少位,即提取该数的低 8 位
    ET0 = 1;//开启定时器 0 的小开关
    EA = 1;//开启中断的总开关
    TR0 = 1;//启动定时器 0
    while(1)
    {
        ;
    }
}
void dsq0_timer()interrupt 1 //中断服务函数,1 代表中断编号
{
    num = num + 1;
    if(num == 10)
    {
        LED = !LED;
        num = 0;
```

```
        }
        TH0 = (65536 - 50000)/256;
        TL0 = (65536 - 50000) % 256;//因为定时器0的工作方式1不可以自动恢复初值,所以它要重新赋值

    }
```

第四步   软件调试程序。

第五步   在 Proteus 中仿真程序,如图 2-11 所示。

第六步   在 51 单片机开发板上下载这个程序,观察开发板和 Proteus 仿真电路现象有无区别。

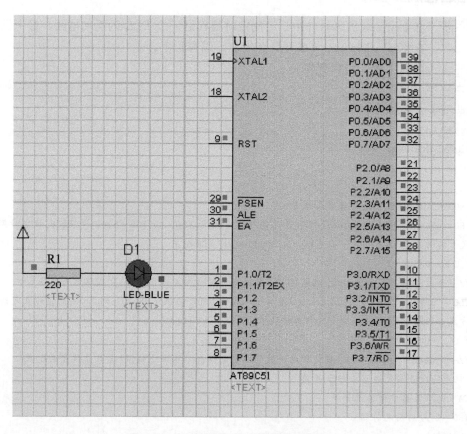

图 2-11   定时器控制一个 LED 闪烁仿真效果

任务七   简易电子时钟整体设计与制作

【任务描述】

利用单片机的定时器和中断等功能,设计一个简单的电子时钟,要求能够进行时、分调节。

【实训仪器、设备及实训材料】

工具、设备和耗材	数量	工具、设备和耗材	数量	工具、设备和耗材	数量
电脑	1 台	51 单片机下载线和 USB 线	1 根	杜邦导线	8P
Keil μVision4	1 套	晶振	1 只	STC89C51(或者 T89C51)	1 片
Proteus 软件	1 套	单片机实训板	1 块	稳压电源	1 台

【实施过程及步骤】

第一步　在 Proteus 仿真软件中，绘制简易电子时钟的电路，参考后文图 2-12。

第二步　在 Keil μVision4 集成开发环境中，编写程序。

第三步　配置工程，编译程序。

参考程序：

```
#include<reg51.h>
#define uchar unsigned char
#define uint unsigned int

uchar sec,min,hour;//定义时、分、秒变量
uchar counter10ms0,counter10ms1;//定义 T0 和 T1 的 10ms 计数变量
uchar counter05s0;//定义 0.5s 变量

uchar KeyCounter;//定义保存功能按键计数值变量

uchar OldKey;   //定义保存按键状态变量
bit AddFlag,SubbFlag;//定义加、减按键标志
bit FlashFlag;//定义闪烁标志
sbit LED1 = P1^0;
sbit LED2 = P1^1;
sbit LED3 = P1^2;
sbit LED4 = P1^3;
uchar Disbuff[8] = {1,2,10,3,4,10,5,6};//定义数码管显示缓冲区单元
uchar code DisCode[12] = {0xc0,0xf9,0xa4,0xb0,0x99,0x92,0x82,0xf8,0x80,0x90,0xbf,0xff};
//共阳数码管段码,0～9及"-""熄灭"字符的字型码
//uchar code DisCode[12] = {0X3f,0x06,0x5b,0x4f,0x66,0x6d,0x7d,0x07,0x7f,0x6f,0x40,0x00};
//共阴数码管段码,0～9及"-""熄灭"字符的字型码

sbit LED = P3^4;//工作指示灯

/**********************************
 * 延时函数 Delaynms(uint dly)    *
 * 延时时间 dly x 1ms    12MHz     *
 **********************************/
void Delaynms(uint dly)
{
```

```
    uchar i;
    while(dly - -)
        for(i = 0;i<123;i + +);
}


/***************************************
 * 显示函数 Display()                     *
 * 功能:根据将8个数码管显示一遍             *
 ***************************************/
void Display(void)
{
    uchar i,n = 0x01;
    for(i = 0;i<8;i + +)
    {
        P0 = DisCode[Disbuff[i]];   //送段码
        P2 = ～n;        //开位选
        Delaynms(1);   //延时
        n = n<<1;      //位选移位
        P0 = 0xff;      //段码低电平全灭
        P2 = 0xff;      //经过非门后变成高电平,使得位选关闭
    }
}


/***************************************
 * BIN码变换成 BCD码函数 TimeDataBin2Bcd() *
 * 功能:将时、分、秒分离出十位和个位          *
 ***************************************/
void TimeDataBin2Bcd()
{
    Disbuff[0] = hour/10;//分离小时十位
    Disbuff[1] = hour % 10;//分离小时个位
    Disbuff[3] = min/10;//分离分钟十位
    Disbuff[4] = min % 10;//分离分钟个位
    Disbuff[6] = sec/10;//分离秒十位
    Disbuff[7] = sec % 10;//分离秒个位


}
/***************************************/


/***************************************
 * 读入按键函数 ReadKey()              *
 * 功能:若有按键按下,返回按键值         *
 *      若没有按键按下,返回255         *
```

```
************************************/
uchar ReadKey()
{
    uchar Key;
    Key = P3&0xe0;//读入按键值   P3&1110 0000
    if(Key! = 0xe0)//若有键按下
    {
        Delaynms(10);
        Key = P3&0xe0;//重新读入按键值
        if(Key! = 0xe0)//若有键按下
        {
            if((Key! = 0xe0)&&(OldKey = = 0xe0))   //判断是否为下降沿
            {
                OldKey = Key;   //保存本次按键值
                return(Key);//返回按键值
            }
        }
    }
    OldKey = Key;   //无键按下,保存本次按键值,返回255
    return(255);   //不能删,否则会出错
}


/*****************************************
* 按键分析函数 KeyAnalysis(uchar Key)      *
* 功能:对功能键计数                        *
*       对加、减键设标志                    *
*****************************************/
void KeyAnalysis(uchar Key)
{
    if(Key! = 255)//有键按下
    {
        switch(Key)
        {
        case 0x60:   KeyCounter ++ ;   //功能键按下
                 if(KeyCounter = = 3)KeyCounter = 0;
                 break;
        case 0xa0:   if(KeyCounter! = 0)AddFlag = 1;break;   // + 键按下   1010 0000
        case 0xc0:   if(KeyCounter! = 0)SubbFlag = 1;break;//-键按下   1100 0000
        }
    }
}
```

```
/*****************************************
 *  时间调整函数 AdjTime()                *
 *  功能:对分钟、小时进行加、减设置        *
 *                                        *
 *****************************************/
void AdjTime()
{
  if(KeyCounter = = 1)
  {                    //设置分钟
    if(AddFlag)
    {                  //分钟 + 设置
      AddFlag = 0;//标志位要清零,否则影响下次按键判断
      min + + ;
      if(min = = 60)min = 0;
    }
    if(SubbFlag)
    {                  //分钟 - 设置
      SubbFlag = 0;      //标志位要清零,否则影响下次按键判断
      min - - ;
      if(min = = 255)min = 59;   //分钟减到 0 的时候,unsigned char 型的变量回到 255
    }
  }
  if(KeyCounter = = 2)
  {                    //设置小时
    if(AddFlag)
    {                  //小时 + 设置
      AddFlag = 0;
      hour + + ;
      if(hour = = 24)hour = 0;
    }
    if(SubbFlag)
    {                  //小时 - 设置
      SubbFlag = 0;
      hour - - ;
      if(hour = = 255)hour = 23;
    }
  }
}



/*****************************************
 *  闪烁控制函数 FlashControl()            *
 *  功能:对调整的分钟、小时进行熄灭设置     *
```

```
 *                                       *
**********************************************/
void FlashControl()
{
  if(FlashFlag)
  {
     if(KeyCounter = = 1)
    {
        Disbuff[3] = 11;   //DisCode[11] = 0xff,数码管灭
        Disbuff[4] = 11;
    }
     if(KeyCounter = = 2)
    {
        Disbuff[0] = 11;
        Disbuff[1] = 11;
    }
  }
}


/ * void LEDFLASH(void)
{
  LED1 = ~LED1;
  LED2 = ~LED2;
  LED3 = ~LED3;
  LED4 = ~LED4;
}
 * /


void main(void)
{
  uchar Key;
  P1 = 0XF0;   //时分间隔的两个 LED 灯亮
  TMOD = 0x11;   //定时器 0,1 都设置为工作方式 1
  TH0 = (65536 - 10000)/256;
  TL0 = (65536 - 10000) % 256;
  TH1 = (65536 - 10000)/256;
  TL1 = (65536 - 10000) % 256;
  ET0 = 1;
  ET1 = 1;   //开定时器 0,1 的中断
  EA = 1;     //开总中断
  //TR0 = 1;     //启动定时器 0
  while(1)
  {
```

```
    Key = ReadKey();      //读取按键,检测按键是否按下
    KeyAnalysis(Key);    //判断哪个按键按下
    if(KeyCounter = = 0)   //假如没有按下功能键
    {  TR0 = 1;        //启动定时器 0,秒计数
      TR1 = 0;
      TimeDataBin2Bcd();       //分离变量,以便后面数码管的显示
    }
    else
    {
       TR0 = 0;       //关闭定时器 0
      TR1 = 1;            //启动定时器 1
      AdjTime();    //调整时间
      TimeDataBin2Bcd();//分离变量,以便后面数码管的显示
      FlashControl();       //对调整的分钟、小时进行熄灭数码管设置
    }
    Display();    //显示数码管
  }
}


void Timer0(void)interrupt 1
{
  TH0 = (65536 - 10000)/256;
  TL0 = (65536 - 10000) % 256;
  counter10ms0 ++ ;

  if(counter10ms0 = = 50)
  {
    counter10ms0 = 0;
    counter05s0 ++ ;
    LED = 0;

    if(counter05s0 = = 2)   //1s 到来
    {
      counter05s0 = 0;
      sec ++ ;
//    LEDFLASH();
      if(sec = = 60)
      {
        sec = 0;
        min ++ ;
        if(min = = 60)
        {
           min = 0;
          hour ++ ;
          if(hour = = 24)hour = 0;
```

```
        }
      }

    }
  }
  Display();
}

void Timer1(void) interrupt 3
{
  TH1 = (65536 - 10000)/256;
  TL1 = (65536 - 10000) % 256;
  counter10ms1 ++;
  if(counter10ms1 = = 50)   //0.5s 到来
  {
    counter10ms1 = 0;
    FlashFlag = ～FlashFlag;   //0.5s 闪烁
    LED = ～LED;               //工作指示灯闪烁
  }
}
```

第四步　软件调试程序。

第五步　在 Proteus 中仿真程序，如图 2-12 所示。

第六步　在 51 单片机开发板上下载这个程序，观察开发板和 Proteus 仿真电路现象有无区别。

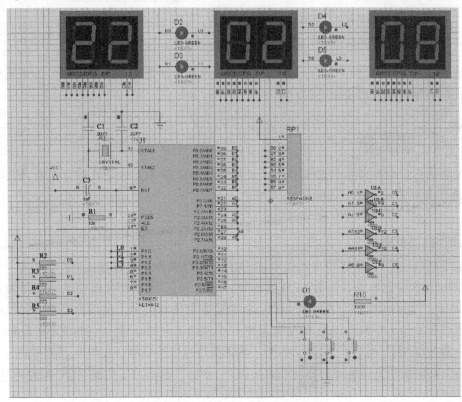

图 2-12　简易时钟仿真效果图

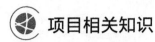项目相关知识

知识点一 数码管

1. LED 数码管结构特点

最常见 LED 数码管为 7 段数码管，其内部结构实际上由 8 个 LED 组合而成，如图 2-13 所示，包括 7 个笔段（a、b、c、d、e、f、g）与一个小数点 dp。当某个发光二极管导通时，相应的一个笔画或小数点就发光，控制不同的发光二极管导通，就能显示出对应字符。

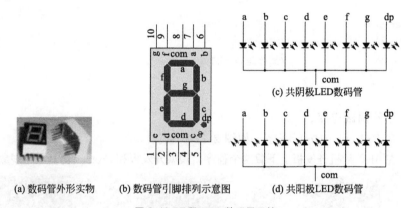

(a) 数码管外形实物　　(b) 数码管引脚排列示意图　　(c) 共阴极LED数码管　　(d) 共阳极LED数码管

图 2-13 7 段 LED 数码显示管

数码管共有 10 根管脚，包含 8 根笔段管脚，另外两根管脚（3、8 管脚）为数码管的公共端，在数码管内部是相互连通的。

 温馨提示

> 管脚顺序：从数码管的正面看，以左侧第一脚为起点，按逆时针方向排序。其中 3、8 脚在内部是连接在一起的。

2. LED 数码管分类

根据 LED 数码管内的连接方式，可将 LED 数码管分为共阴极与共阳极两大类。将 8 个 LED 的阴极连在一起即为共阴极 LED 数码管，而将 8 个 LED 的阳极连在一起即为共阳极 LED 数码管。以共阳极 LED 数码管为例，如把公共端接高电平，在相应笔段的阴极接低电平，该段即会发光。当然，LED 的电流通常较小（约 5~20mA），一般均需在回路中接限流电阻。假如将"b"和"c"段接低电平，其他端接高电平或悬空，那么"b"和"c"段发光，此时，数码管将显示数字"1"。而将"a"、"b"、"d"、"e"和"g"段都接低电平，

其他引脚悬空，此时数码管将显示"2"，其他字符的显示原理类同。LED 数码管显示 0～9 个数字与笔段编码关系如表 2-1 所示。

表 2-1 7 段 LED 数码管显示字符与段码之间的关系

字符	字形	dp g f e d c b a	共阳字形码	共阴字形码
0		1 1 0 0 0 0 0 0	C0H	3FH
1		1 1 1 1 1 0 0 1	F9H	06H
2		1 0 1 0 0 1 0 0	A4H	5BH
3		1 0 1 1 0 0 0 0	B0H	4FH
4		1 0 0 1 1 0 0 1	99H	66H
5		1 0 0 1 0 0 1 0	92H	6DH
6		1 0 0 0 0 0 1 0	82H	7DH
7		1 1 1 1 1 0 0 0	F8H	07H
8		1 0 0 0 0 0 0 0	80H	7FH
9		1 0 0 1 0 0 0 0	90H	6FH
不显示		1 1 1 1 1 1 1 1	FFH	00H

知识点二　C51 常用的运算符

运算符是完成特定运算的符号，利用运算符可以组成各种表达式和语句。C51 常用的运算符如下。

1. 赋值运算符与赋值表达式

符号"="在 C 语言中是赋值运算符，赋值运算符的作用是将一个数据值赋给另一个变量，利用赋值运算符将一个变量与一个表达式连接起来的式子称为赋值表达式，在赋值表达式的后面加一个分号";"就构成了赋值语句，赋值语句的格式如下：

变量＝表达式；

例 1 int i＝6; //将常数 6 赋给整型变量 i

P1＝0x00;   //将数据 0x00 送到 P1 端口

2. 算术运算符

C51 中支持的算术运算符有：＋，加法或取正值运算符；－，减法或取负值运算符；＊，乘法运算符；/，除法运算符;％，取余运算符。

注意：除法运算，如果参加运算的两个数为浮点数，则运算结果也为浮点数；如果参加运算的两个数为整数，则运算的结果也为整数，即为整除。

例 2 30.0/20.0 结果为 1.5，而 30/20 结果为 1。

取余运算，则要求参加运算的两个数必须为整数，运算结果为它们的余数。

例 3 a＝8％3，结果为 2。

3. 关系运算符与关系表达式

关系运算符实际是一种比较运算符，将两个数值进行比较，判断其比较的结果是否符合给定条件，用关系运算符将两个表达式连接起来形成的式子称为关系表达式。关系表达式通常用来作为判别条件构造分支或循环程序。常用关系运算符见表 2-2。

表 2-2 常用关系运算符

符号	例子	意义
＞	$a＞b$	a 大于 b
＜	$a＜b$	a 小于 b
＝＝	$a＝＝b$	a 等于 b
＞＝	$a＞＝b$	a 大于或等于 b
＜＝	$a＜＝b$	a 小于或等于 b
！＝	$a！＝b$	a 不等于 b

注意：关系运算符相等"＝＝"是由两个"＝"组成的。

4. 逻辑运算符

C 语言中有 3 种逻辑运算符：逻辑非（!）、逻辑与（＆＆）、逻辑或（‖），它们的优先级顺序为非、与、或。

逻辑非（!）：当表达式 a 为真时，!a 结果为假，反之亦成立。

逻辑与（＆＆）：只有当两个表达式 a 和 b 都为真时，$a＆＆b$ 结果才为真，否则为假。

逻辑或（‖）：只有当两个表达式 a 和 b 都为假时，$a‖b$ 结果才为假，否则结果为真。

5. 位运算符

位运算符的作用是按位对变量进行运算，并不改变参与运算的变量的值，C51 中位运算符只能对整数进行操作，不能对浮点数进行操作。常用位运算符见表 2-3。

表 2-3 常用位运算符

符号	例子	意义	功能
&	$a\&b$	将 a 与 b 各位作与运算	将不需的位清零
|	$a\|b$	将 a 与 b 各位作或运算	指定的位置 1
∧	$a \wedge b$	将 a 与 b 各位作异或运算	与 1 异或,使位翻转
~	$\sim a$	将 a 取反	将各位取为相反值
>>	$a >> b$	将 a 的值右移 b 个位	顺序右移若干位
<<	$a << b$	将 a 的值左移 b 个位	顺序左移若干位

例 4 如果 $a=11111101$,执行表达式 $a<<3$ 后,左移空出的三位将补 0,结果 a 变为 11101000。

例 5 如果 $a=01010100$,$b=00111011$,则执行表达式 $a\&b$ 与表达式 $a\|b$,结果分别为 $a\&b=00010000=0x10$,$a\|b=01111111=0x7f$。

6. 自增和自减运算符

C51 中,除了基本的加、减、乘、除运算符之外,还提供一种特殊的运算符:"++" 自增运算符;"--" 自减运算符。

例 6 $i=5$ 执行表达式 $j=i++$ 后,j 的值变为 6,i 的值仍为 5;如果执行表达式 $j=++i$ 后,j 的值变为 6,i 的值也变为 6。

7. 复合赋值运算符

C51 中支持复合赋值运算符,在赋值运算符 "=" 的前面加上其他运算符,就组成复合赋值运算符,大部分二目运算符都可以用复合赋值运算符简化表示,表 2-4 为常用复合赋值运算符。

表 2-4 常用复合赋值运算符

符号	意义	符号	意义
+=	加法赋值	/=	除法赋值
*=	乘法赋值	&=	逻辑与赋值
%=	取模赋值	>>=	右移位赋值

例 7 $a>>=3$ 相当于 $a=a>>3$。

知识点三 按键

键盘是由若干按键组成的开关矩阵,它是微型计算机最常用的输入设备,用户可以通过键盘向计算机输入指令、地址和数据。一般单片机系统中采用非编码键盘,非编码键盘是由软件来识别键盘上的闭合键,它具有结构简单、使用灵活等特点,因此被广泛应用于单片机系统。

组成键盘的按键有触点式和非触点式两种,单片机中应用的一般是由机械触点构成的。当开关 S(图 2-14)未被按下时,P1.0 输入为高电平;S 闭合后,P1.0 输入为低电平。由于按键是机械触点，当机械触点断开、闭合时，会有抖动，P1.0 输入端的波形如图 2-15 所示。这种抖动对于人来说是感觉不到的，但对计算机来说，则是完全可以感应到的，因为计算机处理的速度是在微秒级，而机械抖动的时间至少是毫秒级，对计算机而言，这已是一个"漫长"的时间了。实际应用中按键有时灵，有时不灵，其实就是这个原因，你只按了一次按键，可是计算机却已执行了多次中断的过程，如果执行的次数正好是奇数次，那么结果正如你所料，如果执行的次数是偶数次，那就不对了。

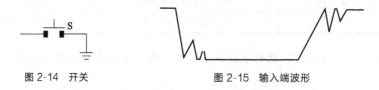

图 2-14　开关　　　　　　　图 2-15　输入端波形

为使 CPU 能正确地读出 P1 口的状态，对每一次按键只作一次响应，就必须考虑如何去除抖动。常用的去抖动的方法有两种：硬件方法和软件方法。单片机中常用软件法，因此，对于硬件方法不做过多介绍。软件方法其实很简单，就是在单片机获得 P1.0 口为低的信息后，不是立即认定开关 S 已被按下，而是延时 10ms 或更长时间后再次检测 P1.0 口，如果仍为低，说明开关 S 的确按下了，这实际上是避开了按键按下时的抖动时间。而在检测到按键释放后（P1.0 为高）再延时 5~10ms，消除后沿的抖动，然后再对键值处理。不过一般情况下，我们通常不对按键释放的后沿进行处理，实践证明，也能满足一定的要求。当然，实际应用中，对按键的要求也千差万别，要根据不同的需要来编制处理程序，但以上是消除按键抖动的基本原则。

知识点四　中断的概念与功能

1. 中断的定义

① 中断　指计算机在执行程序的过程中，由于系统内、外的某种原因使其暂时中止原程序的执行转而为突发事件服务，在处理完成后再返回原程序继续执行，这个过程叫中断。

② 中断系统　能实现中断功能的系统叫中断系统。

③ 中断源　申请中断请求的来源叫中断源。

④ 断点　中断处的地址。

2. 引起中断的原因

引起中断的原因即中断源来自何处，一般有外部 I/O 设备（如打印机）、定时时钟、系统故障（如断电）、程序执行错误（如除数为 0）、多机通信等。

3. 采用中断控制的原因

① 提高工作效率；

② 便于各种环境下的实时管理（可以实时在现场测量与控制各种参数、信息）；

③ 便于故障的发现和处理（可以随时监测系统内部的运行情况，还可自行诊断故障）。

4. 中断系统的功能

(1) 实现中断响应

当某个中断源申请中断时，CPU 应能决定是否响应该中断，如果可以响应，则应能够保护现场（断点地址），使程序转到中断服务程序的入口地址去。

(2) 实现中断返回

当中断系统执行完中断服务程序并遇到 RETI 指令时，自动取出保存在堆栈中的断点地址，返回到原程序断点处执行原程序。

(3) 中断优先级的排队

一台计算机可能有多个中断源同时请求中断，CPU 应能够首先找到优先级别最高的中断源，并响应它的中断请求。中断结束后再响应级别稍低的中断请求。

(4) 实现中断嵌套

中断嵌套是指计算机在响应并执行某一中断源的中断请求并为其服务时，去响应更高级别中断源的中断请求，而暂时中止原中断服务程序的执行。等到处理完更高级别中断服务程序后，再接着为本中断源服务。

中断处理过程参阅图 2-16。

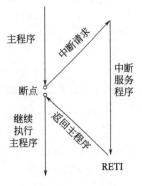

图 2-16　中断处理过程

知识点五　中断系统

1. 中断系统的内部结构

图 2-17 是中断系统的内部结构，图中给出了中断源、中断控制、中断允许及中断优先级之间的关系。MCS-51 单片机有五个中断源，其中有两个外部中断源，它们分别从 $\overline{\text{INT0}}$（P3.2）和 $\overline{\text{INT1}}$（P3.3）引脚输入，可选择低电平或下降沿有效；两个内部中断源是定时/计数器 T0 和 T1 的溢出中断；串行接口发送和接收共用一个中断源。

2. 中断系统的有关控制寄存器

中断系统的有关寄存器地址见表 2-5～表 2-8。

① IE：中断允许寄存器。可位寻址，字节地址为 A8H，用于中断的开放和禁止。

表 2-5　中断允许寄存器的地址

位地址	AFH	AEH	ADH	ACH	ABH	AAH	A9H	A8H
位定义	EA	—	—	ES	ET1	EX1	ET0	EX0

EA：CPU 中断允许总控制位。EA＝0，CPU 禁止所有中断请示；EA＝1，CPU 允许中断，但各中断源是否允许，还需各自的允许位确定。

ES：串行口中断允许位。ES＝1，允许串行口中断；ES＝0，禁止串行口中断。

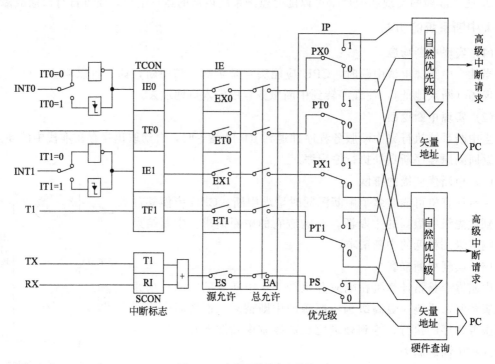

图 2-17　中断系统的内部结构

ET1：T1 的溢出中断允许位。ET1＝1，允许 T1 中断；ET1＝0，禁止 T1 中断。

EX1：外部中断 1 的中断允许位。EX1＝1，允许外部中断 1 中断；EX1＝0，禁止外部中断 1 中断。

ET0：T0 的溢出中断允许位。ET0＝1，允许 T0 中断；ET0＝0，禁止 T0 中断。

EX0：外部中断 0 的中断允许位。EX0＝1，允许外部中断 0 中断；EX0＝0，禁止外部中断 0 中断。

② IP：中断优先级管理寄存器。可位寻址，字节地址为 B8H，用来设定优先级，置位时为高优先级，清零时为低优先级。

表 2-6　中断优先级管理寄存器的地址

位地址	BFH	BEH	BDH	BCH	BBH	BAH	B9H	B8H
位定义	—	—	—	PS	PT1	PX1	PT0	PX0

PS：串行中断优先级设定位。

PT1：定时器 T1 中断优先级设定位。

PX1：外部中断 1 中断优先级设定位。

PT0：定时器 T0 中断优先级设定位。

PX0：外部中断 0 中断优先级设定位。

③ TCON：定时器控制寄存器。可位寻址，字节地址为 88H，这个寄存器有两个作用，即除了控制定时/计数器 T0 和 T1 的溢出中断外，还控制外部中断的触发方式和锁存外部中断请求标志位。

表 2-7 定时器控制寄存器的地址

位地址	8FH	8EH	8DH	8CH	8BH	8AH	89H	88H
位定义	TF1	TR1	TF0	TR0	IE1	IT1	IE0	IT0

IT0：选择外部中断 0 的中断触发方式。0 为电平触发方式，低电平有效；1 为下降沿触发方式，下降沿有效。

IT1：选择外部中断 1 的中断触发方式。0 为电平触发方式，低电平有效；1 为下降沿触发方式，下降沿有效。

IE0：外部中断 0 的中断请求标志位。当 INT0 输入端口有中断时，IE0＝1，由硬件置位。

IE1：外部中断 1 的中断请求标志位。功能与 IE0 类似。

TF0：片内定时/计数器 T0 溢出中断请求标志位。定时/计数器的核心为加法计数器，当定时/计数器 T0 发生定时或计数溢出时，由硬件置位 TF0 或 TF1，向 CPU 申请中断，CPU 响应中断后，会自动清零 TF0 或 TF1。

TF1：片内定时/计数器 T1 溢出中断请求标志位。功能与 TF0 类同。

④ SCON：串行口控制寄存器。可位寻址，字节地址为 98H。

表 2-8 串行口控制寄存器的地址

位地址	9FH	9EH	9DH	9CH	9BH	9AH	99H	98H
位定义	SM0	SM1	SM2	REN	TB8	RB8	TI	RI

TI：串行口发送中断请求标志位。CPU 将一个数据写入发送缓冲器 SBUF 时，就启动发送，每发送完一帧串行数据后，硬件置位 TI。但 CPU 响应中断时，并不清除 TI 中断标志，必须在中断服务程序中由软件对 TI 清零。

RI：串行口接收中断请求标志位。在串行口允许接收时，每接收完一帧数据，由硬件自动将 RI 位置为 1。CPU 响应中断时，并不清除 RI 中断标志，也必须在中断服务程序中由软件对 RI 标志清零。

3. 中断响应的条件

单片机响应中断的条件为中断源有请求且 CPU 开中断（即 EA＝1）。

① 无同级或高级中断正在处理。

② 现行指令执行到最后 1 个机器周期且已结束。

③ 若现行指令为 RETI 或访问特殊功能寄存器 IE、IP 的指令时，执行完该指令且紧随其后的另一条指令也已执行完毕。

CPU 响应中断后，由硬件自动执行如下的功能操作：

① 根据中断请求源的优先级高低，对相应的优先级状态触发器置 1，以标明中断的优先级别；

② 保护断点，即把程序计数器（PC）的内容压入堆栈保存；

③ 清除相应的中断请求标志位（RI、TI 除外）；

④ 把被响应的中断源所对应的中断服务程序入口地址（中断矢量）送入程序计数器（PC），从而转入相应的中断服务程序执行。

知识点六　中断编程

1. 中断服务程序设计的基本任务

① 设置中断允许控制寄存器 IE，允许相应的中断源请求中断。

② 设置中断优先级寄存器 IP，确定并分配所使用的中断源的优先级。

③ 若是外部中断源，还要设置中断请求的触发方式 IT1 或 IT0，以决定采用电平触发方式还是边沿触发方式。

④ 编写中断服务程序，处理中断请求。

2. 中断服务程序的流程

① 现场保护和现场恢复。

② 开中断和关中断。

③ 中断处理。

④ 中断返回。

知识点七　定时器的结构与功能

1. 定时/计数器的基本组成

MCS-51 单片机内有 2 个 16 位可编程的定时/计数器，即定时器 0（T0）和定时器 1（T1）。两个定时/计数器都有定时或事件计数的功能，可用于定时控制、延时、对外部事件计数和检测等。定时/计数器基本组成见图 2-18。

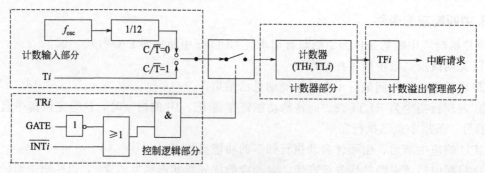

图 2-18　定时/计数器基本组成

图 2-18 中的 i（$i=0$，1）代表 T0 或 T1 的参数标记。上图可分为四个部分，计数器部分、计数输入部分、计数溢出管理部分和控制逻辑部分。计数器由 THi 和 TLi 组成加 1 计数器，在不同的方式下其组成结构不同。计数输入部分由 C/$\overline{\text{T}}$ 进行选择，C/$\overline{\text{T}}=0$ 时，对振荡器频率 f_{osc} 的 12 分频脉冲计数，实现定时功能；C/$\overline{\text{T}}=1$ 时，对外部引脚 Ti 输入的脉冲

进行计数，实现计数功能。控制逻辑部分控制计数的启动或停止，由图可看出门控位 GATE 决定外部引脚 $\overline{\text{INT}i}$ 是否起作用。计数溢出管理部分在计数器溢出时将溢出中断请求标志置位，并请求中断，中断响应后 TFi 自动清零。

2. 定时/计数器相关寄存器

TCON：定时/计数控制寄存器。上面已经介绍了部分位的功能，剩下的 TR0 和 TR1 用于控制计数器的启停：TRi＝0 时，计数器停止；TRi＝1 时，计数器启动。

TMOD：工作方式控制寄存器。不可位寻址，字节地址为 89H。用于设置定时/计数器工作方式和控制模式。低四位用于 T0 的设定，高四位用于 T1 的设定。

M1、M0：定时/计数器工作方式选择位，用于设定定时器的四种工作方式。

C/$\overline{\text{T}}$：计数或定时选择位。C/$\overline{\text{T}}$＝0 时，为定时功能；C/$\overline{\text{T}}$＝1 时，为计数功能。

GATE：门控位。当 GATE＝0 时，TRi＝1 即可启动定时器工作；当 GATE＝1 时，要求同时有 TRi＝1 和 $\overline{\text{INT}i}$＝1 才可启动定时器工作。

知识点八　定时器的工作方式及控制方法

1. 定时/计数器的工作方式

定时/计数器的工作方式由 TMOD 中的 M1、M0 设置，见表 2-9。

表 2-9　定时/计数器的四种工作方式

M1　M0	方式	功能说明
0　0	0	由 THi 的 8 位和 TLi 的低 5 位组成 13 位定时/计数器
0　1	1	由 THi 的 8 位和 TLi 的 8 位组成 16 位定时/计数器
1　0	2	8 位自动重装方式
1　1	3	用于把 T0 分成两个 8 位定时/计数器,T1 没有方式 3

(1) 方式 0

当 TMOD 中 M1 M0＝0 0 时，选定方式 0 进行工作，由 THi 的 8 位和 TLi 的低 5 位组成 13 位定时/计数器，TLi 的高 3 位与此无关。计数器的最大计数值为 $2^{13}＝8192$，这种方式是为了向下兼容 MCS-48 单片机而设的，计数初值设置不直观。

$$定时初值＝2^{13}-\frac{f_{\text{osc}}t}{12} \qquad (t \text{ 为定时时间})$$

$$计数初值＝2^{13}-M \qquad (M \text{ 为计数值})$$

(2) 方式 1

当 TMOD 中 M1 M0＝0 1 时，选定方式 1 进行工作，由 THi 的 8 位和 TLi 的 8 位组成 16 位定时/计数器，计数器的最大计数值为 $2^{16}＝65536$。与方式 0 的区别在于方式 1 为 16 位。

$$定时初值＝2^{16}-\frac{f_{\text{osc}}t}{12} \qquad (t \text{ 为定时时间})$$

$$计数初值 = 2^{16} - M \qquad (M \text{ 为计数值})$$

(3) 方式 2

当 TMOD 中 M1 M0＝1 0 时，选定方式 2 进行工作。方式 2 为自动重装初值的 8 位定时/计数器，THi 为 8 位计数初值寄存器，当 8 位计数器 TLi 计数溢出后，会自动启动 THi 重新向 TLi 装入计数初值。

$$定时初值 = 2^8 - \frac{f_{osc}t}{12} \qquad (t \text{ 为定时时间})$$

$$计数初值 = 2^8 - M \qquad (M \text{ 为计数值})$$

(4) 方式 3

当 TMOD 中 M1 M0＝1 1 时，选定方式 3 进行工作。方式 3 是一个特殊的工作方式，用于把 T0 分成两个 8 位定时/计数器，T1 没有方式 3。T0 工作在方式 3 时占用了 T1 的 TR1 和 TF1 中断资源，这时 T1 只能用于不需要中断控制的场合，如波特率发生器等。如图 2-19 所示，T0 工作在方式 3 时，TL0 构成了一个完整的 8 位定时/计数器，而 TH0 只能用于定时。

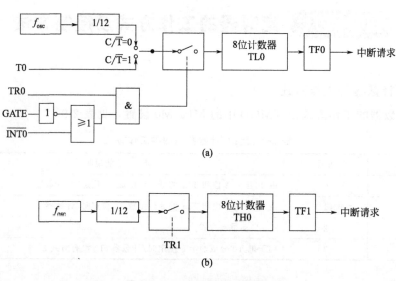

图 2-19　T0 工作方式 3 的结构

2. 控制方法

定时/计数器可使用查询方式或中断方式编程，在使用前要进行初始化设置。一般情况应包括：计数器初值、TMOD 设定、装初值入 THi 和 TLi、启动。如果工作于中断方式，还需要开中断。

知识点九　定时/计数器的 C 语言编程

定时/计数器是单片机应用的核心内容，灵活应用定时/计数器可提高程序的执行效率，简化外围电路。通过下面的实例，可了解 C51 定时/计数器的编程技巧。

例1 采用定时器T0的工作方式1，在P1.0端口输出周期为2ms的方波，已知单片机的晶振频率 $f_{osc}=12MHz$。

分析：要产生周期为2ms的方波，只要使P1.0端口每隔1ms取反一次即可。单片机的晶振频率 $f_{osc}=12MHz$，则一个机器周期为 $12/f_{osc}=1\mu s$，要定时1ms，需要计数1000次。由于定时/计数器是加1计数，为使1000个计数之后的定时器溢出，必须给定时器设置初值为 -1000（即1000的补数）。

```
TH0 = -(1000/256);      //计数高八位
TL0 = -(1000%256);      //计数低八位
```

定时器的应用分为查询方式与中断方式，查询方式是主程序一直在循环"查询"等待定时器是否中断，不需要准备中断服务子程序。中断方式则是主程序专注于当前正在处理的任务，等到定时器中断时才执行中断服务子程序，因而需要编写中断服务子程序，下面分别介绍两种编程方式。

(1) 查询方式

```
# include <reg51.h>
sbit P1_0 = P1^0;
void main(void)
  { TMOD = 0x01;                //设置T0方式1
    TR0 = 1;                    //启动T0
    for(;;)
        { TH0 = -(1000/256);    //送初值
        TL0 = -(1000 % 256);
        do {;} while(!TF0);     //主程序一直查询定时时间到否,为1时退出
        P1_0 = !P1_0;           //取反输出
        TF0 = 0;                //溢位后清除TF0,重新启用定时器
        }
  }
```

(2) 中断方式

```
# include <reg51.h>
sbit  P1_0 = P1^0;
void  time(void)interrupt 1 using 1    //中断服务程序开始
    { P1_0 = !P1_0;             //P1.0取反
      TH0 = -(1000/256);        //重新送计数初值
      TL0 = -(1000 % 256);
    }
void  main(void)
    { TMOD = 0x01;              //设置T0方式1
      P1_0 = 0;
      TH0 = -(1000/256);        //送初值
      TL0 = -(1000 % 256);
      EA = 1;                   //CPU开中断
      ET0 = 1;                  //T0中断允许
      TR0 = 1;                  //启动T0
```

```
        do {  } while(1);                //中断等待
    }
```

例2　采用定时器T0的工作方式1，在P1.0端口输出周期为1s的方波，已知单片机的晶振频率 f_{osc}＝12MHz。

分析：要产生周期为1s的方波，只要使P1.0端口每隔500ms取反一次即可。单片机的晶振频率 f_{osc}＝12MHz，则一个机器周期为12/f_{osc}＝1μs，采用工作方式1时，每次最多可以计数65536次，约为65ms，如果只计数50000次，则为50ms，需要重复10次才可以实现定时0.5s。

```c
# include   <reg51.h>
#define count   50000
#define TIME0_TH(65536 - count)/256
#define TIME0_TL(65536 - count) % 256
unsigned char   count_T0;        //计算中断次数
sbit   P1_0 = P1^0;
void   main()
    {
        IE = 0x82;                    //开中断
        TMOD = 0x01;                  //设置T0方式1
        TH0 = TIME0_TH;               //送初值
        TL0 = TIME0_TL;
        TR0 = 1;                      //启动T0
        count_T0 = 0;                 //设置初始中断次数从0开始
        P1_0 = 0;
        while(1);                     //无穷循环
    }
void   time0(void)   interrupt 1 using 1   //中断服务程序开始
    {
        TH0 = TIME0_TH;               //送初值
        TL0 = TIME0_TL;
        count_T0 ++ ;                 //T0中断次数累加
        if(count_T0 = = 10)           //T0中断次数是否到10次
            {
            count_T0 = 0;             //中断次数重新开始计数
            P1_0 = ! P1_0;            //取反输出
            }                         //if语句结束
    }                                 //T0中断服务结束
```

温馨提示

　　利用定时/计数器编写程序，采用查询方式的程序比较简单，但在定时器整个计数过程中，CPU要不断查询溢出定时器标志位的状态，这就占用了CPU的工作时间，工作效率不高。

项目

数字电压表的设计与制作

在光伏应用产品和各类电子电气产品经中经常会测量电压，本项目利用单片机设计了一个简单的数字电压表，比传统的机械万用表读数更为方便和准确，通过制作完成数字电压表来学习 LCD 液晶显示屏和 A/D 转换的相关知识。典型数字电压表产品见图 3-1。

图 3-1　典型数字电压表产品

 学习目标

技能目标	1. 能设计与制作数字电压表的硬件电路； 2. 掌握设计与制作数字电压表的程序设计方法。
知识目标	1. 了解 A/D 转换的基本原理； 2. 了解 ADC0809 并会正确使用； 3. 掌握 LCD1602 的基本使用方法。

 项目描述及任务分解

如何利用单片机检测电压呢？我们知道单片机输入的是数字量，而电压是模拟量，如果需要单片机处理模拟量，就要把模拟量转换为数字量，本项目中将通过模数转换典型芯片 ADC0809 以及 LCD1602 液晶显示芯片来学习相关知识。现将本项目分解成以下三个任务。

任务一　LCD1602 液晶屏显示单个字符；

任务二　LCD1602 液晶屏显示字符串；

任务三　数字电压表整体设计与制作。

任务一　LCD1602 液晶屏显示单个字符

【任务描述】

LCD1602 液晶屏第一行第一列显示字母 A，第二行第一列显示字符♯，第二行第二列显示数字 6。

【实训仪器、设备及实训材料】

工具、设备和耗材	数量	工具、设备和耗材	数量	工具、设备和耗材	数量
电脑	1 台	51 单片机下载线和 USB 线	1 根	杜邦导线	8P
Keil μVision4	1 套	晶振	1 只	STC89C51（或者 AT89C51）	1 片
Proteus 软件	1 套	单片机实训板	1 块	稳压电源	1 台

【实施过程及步骤】

第一步　在 Proteus 仿真软件中，绘制数字电压表的电路，参考图 3-2。

第二步　在 Keil μVision4 集成开发环境中，编写程序。

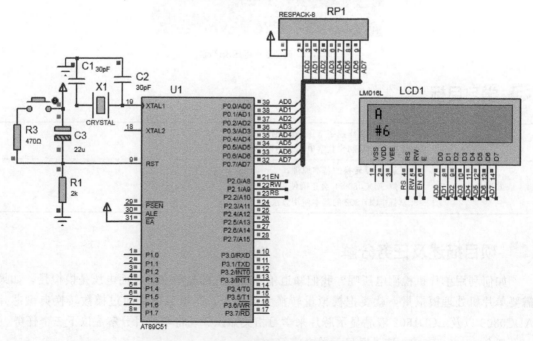

图 3-2　LCD1602 液晶屏显示单个字符电路

参考程序：

```c
#include<reg51.h>      //调用C语言头文件
#define uchar unsigned char   //宏定义uchar
#define uint unsigned int    //宏定义uint
sbit rs=P2^2;//命令或数据信号。1:写数据;0:写命令
sbit rw=P2^1;//写或读信号。0:写信号;1:读信号
sbit en=P2^0;//读写使能

//***********************************************************
//显示函数
//***********************************************************

void delay(uint x)
{
    uint i,j;
    for(i=0;i<x;i++)
    for(j=0;j<120;j++);
}
//***********************************************************
//写数据
//***********************************************************

void write_data(uchar date)
{
    en=0;
    rs=1;//选择数据寄存器
    rw=0;// 对液晶写操作时为低电平
    P0=date;  //数据从端口准备输入
    delay(1);//延时1ms
    en=1;  //下降沿
    delay(1);  //延时1ms
    en=0;
}


//***********************************************************
//写命令
//***********************************************************

void write_com(uchar com)
{
    en=0;
    rs=0;//选择指令寄存器
    rw=0;// 对液晶写操作时为低电平
    P0=com;  //指令数据从端口准备输入
    delay(1);  //延时1ms
```

```
        en = 1;
        delay(1);   //延时 1ms
        en = 0;       //下降沿
    }


//****************************************************************
//显示函数
//****************************************************************

void display()
{
    write_com(0x80);        //显示第一行(第一行的地址是 0x80)
    write_data('A');
    write_com(0x80 + 0x40);//显示第二行(第二行的地址是 0x80 + 0x40)
    write_data(0X23);//#的 ASCII 值就是 0x23
    write_com(0x80 + 0x40 + 1);
    write_data('6');


}


void initlcd()
{
    write_com(0x38);//8 位数据位,5×7 点阵显示 0011 1000
    write_com(0x01);//清屏
    write_com(0x0c);//显示打开,不显示光标     0000 1110
    write_com(0x06);//读写一个字符后,地址指针加 1,0000 0100
}
//****************************************************************
//显示函数
//****************************************************************
void main()
{
    initlcd();//LCD1602 液晶初始化程序
    while(1)
    {
        display();        //调用显示函数
    }
}
```

第三步 配置工程，编译程序。

第四步 软件调试程序。

第五步 在 Proteus 中仿真程序，如图 3-2 所示。

第六步 在 51 单片机开发板上下载这个程序，观察开发板和 Proteus 仿真电路现象有无区别。

任务二 LCD1602 液晶屏显示字符串

【任务描述】

LCD1602 液晶屏上显示两行字符（每个字符的格式为 5×7 点阵），第一行显示"welcome MCU"，第二行显示"STC89C51RC"。

【实训仪器、设备及实训材料】

工具、设备和耗材	数量	工具、设备和耗材	数量	工具、设备和耗材	数量
电脑	1 台	51 单片机下载线和 USB 线	1 根	杜邦导线	8P
Keil μVision4	1 套	晶振	1 只	STC89C51(或者 AT 89C51)	1 片
Proteus 软件	1 套	单片机实训板	1 块	稳压电源	1 台

【实施过程及步骤】

第一步 在 Proteus 仿真软件中，绘制数字电压表的电路，参考图 3-3。

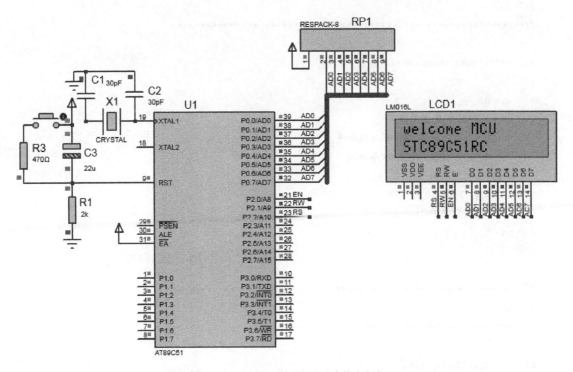

图 3-3 LCD1602 液晶屏显示字符串电路

第二步　在 Keil μVision4 集成开发环境中，编写程序。

参考程序：

```c
#include<reg51.h>       //调用 C 语言头文件
#define uchar unsigned char   //宏定义 uchar
#define uint unsigned int     //宏定义 uint
sbit rs = P2^2;        //命令或数据信号 1:写数据,0:写命令
sbit rw = P2^1;        //写或读信号,0:写信号,1:读信号
sbit en = P2^0;        //读写使能
uchar code tab1[] = "welcome MCU";     //第一行显示,双引号里面的是字符串,单引号里面的是单个字符
uchar code tab2[] = "STC89C51RC";      //第二行显示


//*************************************************************
//显示函数
//*************************************************************


void delay(uint x)
{
    uint i,j;
    for(i = 0;i<x;i++)
    for(j = 0;j<120;j++);
}
//*************************************************************
//写数据
//*************************************************************


void write_data(uchar date)
{
    en = 0;
    rs = 1;//选择数据寄存器
    rw = 0;// 对液晶写操作时为低电平
    P0 = date;//数据从端口准备输入
    delay(1);//延时 1ms
    en = 1;//下降沿
    delay(1);//延时 1ms
    en = 0;
}


//*************************************************************
//写命令
//*************************************************************


void write_com(uchar com)
{
    en = 0;
```

```
    rs = 0;//选择指令寄存器
    rw = 0;// 对液晶写操作时为低电平
    P0 = com;//指令数据从端口准备输入
    delay(1);//延时 1ms
    en = 1;
    delay(1);//延时 1ms
    en = 0;//下降沿
}


//**********************************************************
//显示函数利用字符串结束的标志\0 来判断的
//**********************************************************


void display()
{
    uchar num = 0;
    write_com(0x80);     //显示第一行(第一行的地址是 0x80)
    while(tab1[num]! = '\0')
    {
        write_data(tab1[num]);    //显示字符" welcome MCU"
        num + + ;                        //延时 1ms
    }
    num = 0;
    write_com(0x80 + 0x40);              //显示第二行(第二行的地址是 0x80 + 0x40)
    while(tab2[num]! = '\0')
    {
        write_data(tab2[num]);    //显示字符"STC89C51RC"
        num + + ;               //延时 1ms
    }
    / *
    write_com(0x80);          //显示第一行(第一行的地址是 0x80)
    for(num = 0;num<16;num + + )
      {
            write_data(tab1[num]);    //显示字符"welcome MCU"
            delay(1);                //延时 1ms
      }
    write_com(0x80 + 0x40);              //显示第二行(第二行的地址是 0x80 + 0x40)
    for(num = 0;num<16;num + + )
      {
        write_data(tab2[num]);//显示字符"STC89C51RC"
        delay(1);             //延时 1ms
      }
      * /
}
```

```
void initlcd()
{
    write_com(0x38);//8 位数据位,5×7,点阵显示 0011 1000
    write_com(0x01);//清屏
    write_com(0x0c);//显示打开,不显示光标     0000 1110
    write_com(0x06);//读写一个字符后,地址指针加 1,0000 0100
}
//*****************************************************************
//显示函数
//*****************************************************************
void main()
{
    initlcd();//LCD1602 液晶初始化程序
    while(1)
    {
        display();           //调用显示函数
    }
}
```

温馨提示

　　若要显示其他字符,比如"hello word",只需将数组 tab1 [] 或者 tab2 [] 中的内容进行修改就可以。另外读者可以把注释里面"用 for 语句判断字符串结束"程序代替"用转义字符'\0'来判断字符串结束"的程序,比较一下两个程序的异同。

　　第三步　配置工程,编译程序。
　　第四步　软件调试程序。
　　第五步　在 Proteus 中仿真程序,如图 3-3 所示。
　　第六步　在 51 单片机开发板上下载这个程序,观察开发板和 Proteus 仿真电路现象有无区别。

任务三　数字电压表整体设计与制作

【任务描述】

　　单片机的 P3 口接 ADC0808 芯片,P0 口接 LCD1602 的数据端口,控制端由 P1 口连接,电压表的精度为 0.1V。编写程序实现将电位器输出的 0~5V 电压经过芯片 ADC0809 转换成数字信号,送入单片机以十进制形式显示,显示电路由 LCD1602 进行显示。

【实训仪器、设备及实训材料】

工具、设备和耗材	数量	工具、设备和耗材	数量	工具、设备和耗材	数量
电脑	1台	51单片机下载线和USB线	1根	杜邦导线	8P
Keil μVision4	1套	晶振	1只	STC89C51(或者AT89C51)	1片
Proteus软件	1套	单片机实训板	1块	稳压电源	1台

【实施过程及步骤】

第一步 在 Proteus 仿真软件中，绘制数字电压表电路，参考图 3-4。

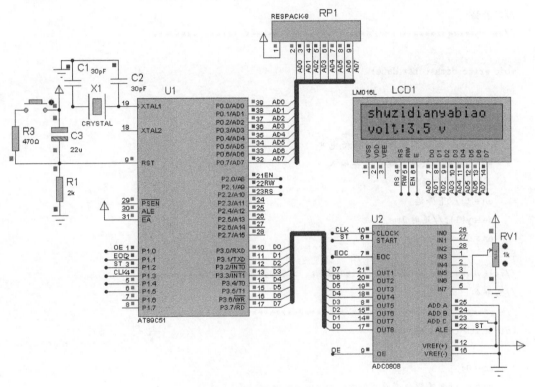

图 3-4 数字电压表仿真电路

第二步 在 Keil μVision4 集成开发环境中，编写程序。

参考程序：

```
#include<reg51.h>      //调用C语言头文件
#define uchar unsigned char   //宏定义uchar
#define uint unsigned int//宏定义uint
sbit rs = P2^2;//命令或数据信号,1:写数据,0:写命令
sbit rw = P2^1;//写或读信号,0:写信号,1:读信号
sbit en = P2^0;//读写使能
uchar code tab1[] = "shuzidianyabiao ";//第一行显示
uchar tab2[10] = {'v','o','l','t',':',' ','.',' ',' ','v'};//第二行显示   volt:3.5 v

sbit OE = P1^0;
```

```
sbit ST = P1^2;          //信号转换端口
sbit EOC = P1^1;         //使能端口
sbit CLK = P1^3;         //时钟端口
uint AD;                 //存储转换结果
void delay(uint x)
{
    uint i,j;
    for(i = 0;i<x;i++)
    for(j = 0;j<120;j++);
}
//*************************************************************
//写数据
//*************************************************************

void write_data(uchar date)
{
    en = 0;
    rs = 1;//选择数据寄存器
    rw = 0;// 对液晶写操作时为低电平
    P0 = date;//数据从端口准备输入
    delay(1);//延时 1ms
    en = 1;//下降沿
    delay(1);//延时 1ms
    en = 0;
}
//*************************************************************
//写命令
//*************************************************************
void write_com(uchar com)
{
    en = 0;
    rs = 0;//选择指令寄存器
    rw = 0;// 对液晶写操作时为低电平
    P0 = com;         //指令数据从端口准备输入
    delay(1);         //延时 1ms
    en = 1;           //下降沿
    delay(1);         //延时 1ms
    en = 0;
}


//*************************************************************
//显示函数
//*************************************************************

void display()
```

```
{
    uchar num;
    uint val;

    val = AD * 0.195;
    //P0 = tab[val % 10];       //显示个位   35 % 10 = 5
    //P0 = tab[val/10]&0x7f;//显示十位 val % 100/10 = 3,335 % 100 = 35,35/10 = 3
    tab2[5] = val/10 + 0x30;//显示十位,数字 + 0x30 把数字转换成数字的字符因为 0 的 ASCII 值是 0x30
    tab2[7] = val % 10 + 0x30;       //显示个位
    //tab2[8] = 0x26;
    write_com(0x80);             //显示第一行(第一行的地址是 0x80)
    for(num = 0;num<16;num ++ )
      {
          write_data(tab1[num]);    //显示字符" my telphone::"
          delay(1);                 //延时 1ms
      }
    write_com(0x80 + 0x40);                  //显示第二行(第二行的地址是 0x80 + 0x40)
    for(num = 0;num<10;num ++ )
      {
        write_data(tab2[num]);     //显示字符"10086"
        delay(1);                  //延时 1ms
      }
}


//***********************************************************
//ADC 函数
//***********************************************************
void adc()
{
    ST = 0;//START
    ST = 1;
    ST = 0;            //启动转换
    while(EOC = = 0);  //等待转换结束,EOC = 1 转换结束
    OE = 1;            //OE = 1 高电平,允许输出转换结果
    AD = P3;           //读取转换结果   1010   1100 =   2^7 + 2^5 + 12 = 128 + 32 + 12 = 172
    OE = 0;
}
//***********************************************************
//显示函数
//***********************************************************
void main()
{
    IE = 0x82;         //选择定时器 T0 1000 0010
    TMOD = 0x02;             //选择工作方式 2
```

```
    TH0 = 0x14;              //T0 赋初值   0x14 = 16 + 4 = 20
    TL0 = 0x00;
    TR0 = 1;                 //启动 T0

    write_com(0x38);//8 位数据位,5×7 点阵显示 0011 1000
    write_com(0x01);//清屏
    write_com(0x0c);//显示打开,不显示光标
    write_com(0x06);//读写一个字符后,地址指针加 1
    while(1)
    {
        adc();                //调用 adc 函数
        display();            //调用显示函数
    }
}
//********************************************************
//定时器 T0 中断服务函数,通过定时器 T0 产生 ADC0809 所需时钟信号
//********************************************************
void time_0()interrupt 1
{
    //TH0 = 0x14;//T0 重新赋初值
    //TL0 = 0x00;
    CLK = ~CLK;//时钟信号
}
```

第三步　配置工程,编译程序。

第四步　软件调试程序。

第五步　在 Proteus 中仿真程序,观看图 3-4 所示现象。

第六步　在 51 单片机开发板上下载这个程序,观察开发板和 Proteus 仿真电路现象有无区别。

 项目相关知识

知识点一　ADC 基本原理

自然界的各种变量（例如电流、电压、距离、时间、力、温度等）大多是模拟量,但计算机等数字设备处理的是数字信号,这就需要在数字量和模拟量之间进行相应转换。将模拟量转换为数字量的电路器件称为模/数转换器,通常简称为 A/D 转换器（ADC）;将数字量转换为模拟量的电路称为数/模转换器,简称 D/A 转换器（DAC）。ADC 和 DAC 是连通模拟电路和数字电路的桥梁,也可称之为两者之间的接口。转换器与模数信号的关系见图 3-5。

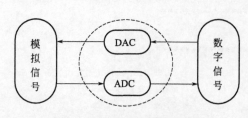

图 3-5　转换器与模数信号的关系

知识点二　A/D 集成芯片 ADC0809

随着集成电路技术的发展，A/D 转换器在电路结构、性能等方面都有很大变化。从只能实现数字量到模拟量转换的 D/A 转换器，发展到与微处理器完全兼容、具有输入数据锁存功能的 D/A 转换器，进一步又出现了带有参考电压源和输出放大器的 D/A 转换器，大大提高了 D/A 转换器的综合性能。常用的 D/A 转换器有 8 位、10 位、12 位、16 位，每种又有不同的型号。根据本项目的具体内容，本书只具体介绍 A/D 转换器，对 D/A 转换器不再具体阐述。

下面简单介绍 8 位 A/D 转换器 ADC0809 的相关知识点。

1. ADC0809 的内部逻辑结构

ADC0809 是逐次逼近式 A/D 转换器，可以和单片机直接连接，由一个 8 路模拟开关、一个地址锁存与译码器、一个 A/D 转换器和一个三态输出锁存器组成。多路开关可选通 8 个模拟通道，允许 8 路模拟量分时输入，共用 A/D 转换器进行转换。三态输出锁存器用于锁存 A/D 转换完的数字量，当 OE 端为高电平时，才可以从三态输出锁存器取走转换完的数据。通道选择参阅表 3-1。

表 3-1　通道选择

C	B	A	选择通道
0	0	0	IN0
0	0	1	IN1
0	1	0	IN2
0	1	1	IN3
1	0	0	IN4
1	0	1	IN5
1	1	0	IN6
1	1	1	IN7

ADC0809 对输入模拟量要求：信号单极性，电压范围是 0～5V，若信号太小，必须进行放大；输入的模拟量在转换过程中应该保持不变，若模拟量变化太快，则需在输入前增加采样保持电路。

2. ADC0809 引脚功能

ADC0809 各引脚功能如下：

- D7～D0　8 位数字量输出引脚。
- IN0～IN7　8 位模拟量输入引脚。
- VCC　+5V 工作电压。
- GND　地。
- VREF（+）　参考电压正端。
- VREF（-）　参考电压负端。

- START　A/D 转换启动信号输入端，当 ST 上升沿时，所有内部寄存器清零；下降沿时，开始进行 A/D 转换；在转换期间，ST 应保持低电平。
- ALE　地址锁存允许信号输入端，输入高电平有效。在 ALE＝1 时，地址锁存与译码器将 A、B、C 三条地址线的地址信号进行锁存，经译码后被选中的通道的模拟量进入转换器对 A、B、C 中的值进行锁存，选中模拟量输入。
- EOC　转换结束信号输出引脚，开始转换时为低电平，转换结束时为高电平。
- OE　输出允许控制端，用以打开三态数据输出锁存器，控制三条输出锁存器向单片机输出转换得到的数据，OE＝1，输出转换得到的数据；OE＝0，输出数据呈高阻状态。
- CLK　时钟信号输入端（内部无时钟电路，所需时钟信号必须由外界提供，一般为 500kHz）。
- A、B、C　地址输入线。

3. ADC0809 应用说明

- ADC0809 内部带有输出锁存器，可以与 51 系列单片机直接相连。
- 初始化时，使 ST 和 OE 信号全为低电平。
- 将转换的地址送到对应通道的地址端口上。
- 在 ST 端给出一个至少有 100ns 宽的正脉冲信号。
- 根据 EOC 信号来判断是否转换完毕。
- 当 EOC 变为高电平时，这时令 OE 为高电平，转换的数据就输出给单片机了。

知识点三　LCD1602 基本原理

LCD（Liquid Crystal Display）为液晶显示面板，广泛应用于各种电子产品中。它的驱动电压很低、工作电流极小，可以与 CMOS 电路结合起来组成低功耗系统，缺点是一般不耐高温，也不耐低温，不适合于温度较差的工作环境。

LCD 种类繁多，市面上大多数字符型液晶是基于日立公司的控制芯片（HD44780），1602 液晶模块就是基于该芯片的，它由 32 个 5×8 点阵字符位组成，每一个点阵字符位都可以显示一个字符，模块内部固化了已经存储 160 个不同点阵字符图形的字符发生存储器 CGROM（Character Generator ROM）和 8 个可由用户自定义的 5×7 的字符发生器 CGRAM（Character Generator RAM）。

常见的 LCD1602 液晶屏实物与引脚如图 3-6、图 3-7 所示。

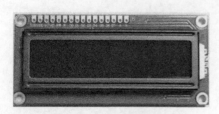

图 3-6　LCD1602 液晶屏实物

图 3-7　LCD1602 引脚

1. LCD1602 液晶模块引脚特性

LCD1602 液晶模块采用标准的 16 脚接口，其引脚功能如表 3-2 所示。

表 3-2 LCD1602 的引脚功能

引脚号	引脚名	电平	输入/输出	作用
1	GND			接地
2	VCC			电源
3	VEE			对比度电压调整
4	RS	0/1	输入	0＝输入指令 1＝输入数据
5	$\overline{RW}$	0/1	输入	0＝向 LCD 写入指令或数据 1＝从 LCD 读取信息
6	E		输入	使能信号，1→0(下降沿)执行指令
7	D0	0/1	输入/输出	数据总线 Line0(最低线)
8	D1	0/1	输入/输出	数据总线 Line1
9	D2	0/1	输入/输出	数据总线 Line2
10	D3	0/1	输入/输出	数据总线 Line3
11	D4	0/1	输入/输出	数据总线 Line4
12	D5	0/1	输入/输出	数据总线 Line5
13	D6	0/1	输入/输出	数据总线 Line6
14	D7	0/1	输入/输出	数据总线 Line7(最高线)
15	A			LCD 背光电源正极
16	K			LCD 背光电源负极

注意：不同厂家生产的引脚可能不同，使用前注意查看厂家提供的资料。

2. LCD1602 字符显示原理

LCD1602 液晶显示屏可以显示两行标准字符，每行最多可以显示 16 个字符，显示内容可以是内部常用字符，也可以是自定义字符（单个或多个字符组成的简单汉字、符号、图案等，最多可以显示 8 个自定义字符）。学习 1602 字符显示原理前，我们首先了解一下字模的概念及显示过程。

(1) 字模

计算机文本文件中一个字符用一个字节表示，一个汉字用两个字节表示。我们能在屏幕上看到文本显示，是因为在操作系统和 BIOS（基本输入/输出系统）里已固化了字符字模。字模是用数字来描述字符的形状的信息数据。图 3-8 左边的数据就是"A"的字模数据，右边是将"A"的二进制数据用符号表示出来（"○"代表 0，"■"代表 1），可以看出表示出来的图表形似"A"。如果将"A"的字模数据存储起来，并用一个地址表示，"A"字的地址代码是 41H，显示时将 41H 中的字模数据送到显卡去点亮屏幕上相应的点，然后就能看到字母"A"。

```
01110    ○■■■○
10001    ■○○○■
10001    ■○○○■
10001    ■○○○■
11111    ■■■■■
10001    ■○○○■
10001    ■○○○■
```

图 3-8 "A"的字模数据

(2) 显示过程

① 确认显示的位置，即在第几行，第几个字符开始显示，即显示

的字符地址。

HD44780 内置了 DDRAM、CGRAM 和 CGROM，DDRAM 是用来寄存显示字符的字符码，共 80 个字节，其地址与屏幕位置对应关系如表 3-3 所示。

表 3-3　DDRAM 地址和屏幕位置对应关系

单行 显示模式	字符列地址		1	2	3	…	78	79	80
	DDRAM 地址		00H	01H	02H	…	4DH	4EH	4FH
两行 显示模式	字符列地址		1	2	3	…	38	39	40
	DDRAM 地址	1 行	00H	01H	02H	…	25H	26H	27H
		2 行	00H	00H	00H	…	65H	66H	67H

可以看出，一行可有 40 个地址，对应关系如图 3-9 所示。

```
00H 01H 02H 03H 04H 05H 06H 07H 08H 09H 0AH 0BH 0CH 0DH 0EH 0FH
40H 41H 42H 43H 44H 45H 46H 47H 48H 49H 4AH 4BH 4CH 4DH 4EH 4FH
```

图 3-9　DDRAM 地址与屏幕位置的对应关系

② 设置要显示的内容，如显示"A"，将地址代码 41H 写入到液晶屏显示即可。

3. HD44780 的指令集及设置

LCD1602 液晶模块的读写操作、屏幕和光标的操作都是通过指令编程来实现的，其控制器共有 11 条控制指令，如表 3-4 所示。

表 3-4　LCD1602 液晶模块内部指令

指令	RS	RW	DB7	DB6	DB5	DB4	DB3	DB2	DB1	DB0
清屏指令	0	0	0	0	0	0	0	0	0	1
光标复位指令	0	0	0	0	0	0	0	0	1	*
光标模式设置指令	0	0	0	0	0	0	0	1	I/D	S
显示开关控制指令	0	0	0	0	0	0	1	D	C	B
显示屏或光标移位指令	0	0	0	0	0	1	0	C	B
功能设定指令	0	0	0	0	1	DL	N	F	*	*
设定 CGRAM 地址指令	0	0	0	1	CGRAM 的地址 (7 位)					
设定 DDRAM 地址指令	0	0	1	CGRAM 的地址 (7 位)						
读取忙信号或 AC 地址指令	0	1	FB	AC 内容 (7 位)						
数据写入 DDRAM/CGRAM 指令	1	0	FB	要写入的数据 D7～D0						
从 CGRAM 或 DDRAM 读取数据指令	1	1	读出的数据							

下面详细说明各条指令的功能：

(1) 清屏指令

① 清除屏幕，将显示缓冲区 DDRAM 的内容全部写入"空白"的 ASCII 码 20H；

② 光标归位，即将光标撤回到显示屏的左上角；

③ 地址计数器 AC 清零。

（2）光标复位指令

光标归位，即将光标撤回到显示屏的左上角。

（3）光标模式设置指令

设定当写入一个字节后，光标的移位方向及每次写入的一个字符是否移动。

当 I/D＝1 时，光标从左向右移动；I/D＝0 时，光标从右向左移动。

当 S＝1 时，写入新数据后显示屏整体右移 1 个字符；S＝0 时，写入新数据后显示屏不移动。

（4）显示开关控制指令

控制显示器开/关，当 D＝1 时显示，D＝0 时不显示。控制光标开关，当 C＝1 时有光标，C＝0 时无光标。控制字符是否闪烁，当 B＝1 时光标闪烁，B＝0 时光标不闪烁。

（5）显示屏或光标移位指令

移动光标或整个显示屏移位，参数设定的情况如表 3-5 所示。

当 S/C＝1 时移动整个显示屏，当 S/C＝0 时只有光标移位。

当 R/L＝1 时光标右移，R/L＝0 时光标左移。

表 3-5　显示屏或光标移位参数设定指令

S/C	R/L	设定情况
0	0	光标左移 1 格，且 AC 值减 1
0	1	光标右移 1 格，且 AC 值加 1
1	0	显示器上字符全部左移一格，但光标不动
1	1	显示器上字符全部右移一格，但光标不动

（6）功能设定指令

设定数据总线位数、显示的行数及字型。设置显示行数，参数设定的情况如表 3-6 所示。

表 3-6　功能参数设定指令

位名	设置
DL	0＝数据总线为 4 位，1＝数据总线为 8 位
N	0＝显示 1 行，1＝显示 2 行
F	0＝5×7 点阵/字符，1＝5×10 点阵/字符

（7）设定 CGRAM 地址指令

设定下一个要存入数据的 CGRAM 的地址。

（8）设定 DDRAM 地址指令

设定下一个要存入数据的 DDRAM 的地址。

（9）读取忙信号或 AC 地址指令

① 读取忙标志 BF 的信息，BF＝1 表示液晶显示器忙，暂时无法接收单片机送来的数据或指令；当 BF＝0 时，液晶显示器可以接收单片机送来的数据或指令。

② 读取地址计数器（AC）的内容。

（10）数据写入 DDRAM/CGRAM 指令

① 将字符码写入 DDRAM，以使液晶显示屏显示出相对应的字符；

② 将用户自定义的图形存入 CGRAM。

(11) 从 CGRAM 或 DDRAM 读取数据指令

从 CGRAM 或 DDRAM 当前位置中读数据。当 CGRAM 或 DDRAM 读出数据时，需要先设定 CGRAM 或 DDRAM 的地址。

 温馨提示

　　液晶显示模块是一个慢显示器件，所以在执行每条指令之前一定要确定模块是否处于不忙状态（空间状态），否则此指令失效。

4. 基本操作时序

读写操作时序如表 3-7、图 3-10 和图 3-11 所示。

表 3-7　读写操作时序

操作	输入	输出
读状态	RS＝L,RW＝H,E＝H	DB0～DB7＝状态字
写指令	RS＝L,RW＝L,E＝下降沿脉冲,DB0～DB7＝指令码	无
读数据	RS＝H,RW＝H,E＝H	DB0～DB7＝数据
写数据	RS＝H,RW＝L,E＝下降沿脉冲,DB0～DB7＝数据	无

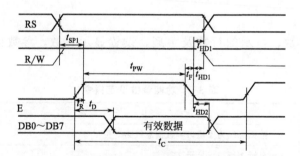

图 3-10　读操作时序

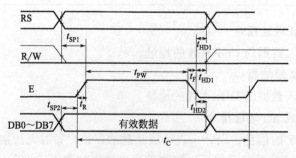

图 3-11　写操作时序

项目 ④

太阳能自动追踪系统的设计与制作

为了符合国家绿色环保、节能减排的政策导向，应充分开发利用太阳能，有效提高太阳能利用率。太阳能电池板如果始终与太阳光照射垂直，将会比固定一个角度照射获得转换的电能要多，因此有必要设计一套太阳能自动追踪系统。图 4-1 是一套典型的太阳能自动追踪系统，该系统具有结构简单、自动化程度高、成本低的特点。

图 4-1　典型太阳能自动追踪系统

 学习目标

技能目标	1.能设计与制作太阳能自动追踪系统的硬件； 2.学会太阳能自动追踪系统的程序设计方法。
知识目标	1.认识 STC15F2K60S2 单片机； 2.掌握舵机控制原理； 3.了解光敏传感器相关知识。

项目描述及任务分解

根据两种不同检测模块设计出太阳能跟踪控制系统的整体结构，完成硬件的选型和电路设计，通过原理图模拟仿真、程序设计，实现硬件的制作。本项目分成以下三个任务完成。

任务一　STC15F2K60S2 单片机与 PC 机的通信；

任务二　STC15F2K60S2 单片机对舵机的控制；

任务三　太阳能自动追踪系统整体设计与制作。

任务一　STC15F2K60S2 单片机与 PC 机的通信

【任务描述】

　　PC 机控制单片机 I/O 口输出，并且通过两个 LED 灯显示数据收发状态，如果数据处于发送或者接收状态，则相应的 LED 灯闪亮；PC 机控制单片机 I/O 口输出，并且通过两个按键控制 PC 机是否接收数据；PC 机与单片机之间的通信结果通过串口助手进行调试和显示。

【实训仪器、设备及实训材料】

工具、设备和耗材	数量	工具、设备和耗材	数量	工具、设备和耗材	数量
电脑	1 台	15 单片机下载线和 USB 线	1 根	稳压电源	1 台
Keil μVision4	1 套	STC15F2K60S2	1 片	太阳能自动追踪系统	1 套

【实施过程及步骤】

　　第一步　熟悉太阳能自动追踪系统硬件接线图，如图 4-2 所示。

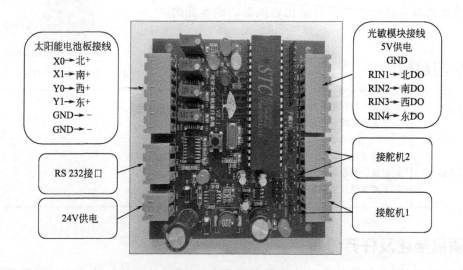

图 4-2　主控板硬件及接线

　　第二步　在 Keil μVision4 集成开发环境中，编写程序。

　　参考程序：

```
/************* 功能说明 *************
双串口全双工中断方式收发通信程序。
通过 PC 向 MCU 发送数据,MCU 收到后通过串口把收到的数据原样返回。
*********************************/
```

```
#define      MAIN_Fosc     22118400L      //定义主时钟
#include     "STC15.h"
#define      Baudrate1     115200L
#define      UART1_BUF_LENGTH  200
u8       TX1_Cnt;       //发送计数
u8       RX1_Cnt;       //接收计数
bit   B_TX1_Busy;       //发送忙标志
u8       idataRX1_Buffer[UART1_BUF_LENGTH];      //接收缓冲
void UartInit(void)        //115200bps@22.1184MHz
{
        SCON = 0x50;        //8位数据可变波特率
        AUXR| = 0x40;
        AUXR& = 0xFE;
        TMOD& = 0x0F;        //设置定时器1为16位自动重装方式
        TL1 = 0xD0;         //设定定时初值
        TH1 = 0xFF;         //设定定时初值
        ET1 = 0;            //禁止定时器1中断
        TR1 = 1;            //启动定时器1
}
void main(void)
{
    P0M1 = 0;P0M0 = 0;  //设置为准双向口
    P1M1 = 0;P1M0 = 0;  //设置为准双向口
    P2M1 = 0;P2M0 = 0;  //设置为准双向口
    P3M1 = 0;P3M0 = 0;  //设置为准双向口
    P4M1 = 0;P4M0 = 0;  //设置为准双向口
    P5M1 = 0;P5M0 = 0;  //设置为准双向口
    P6M1 = 0;P6M0 = 0;  //设置为准双向口
    P7M1 = 0;P7M0 = 0;  //设置为准双向口
UartInit();
//UART1_config(1);     //选择波特率
        EA = 1;             //允许总中断
        ES = 1;             //开串口中断
PrintString1("STC15F2K60S2UART1 Test Prgramme!\r\n");//SUART1发送一个字符串
        while(1)
        {    if(INT0 = = 0)
            {REN = 0;}
        if((TX1_Cnt! = RX1_Cnt)&&(!B_TX1_Busy))     //收到数据,发送空闲
            {
                SBUF = RX1_Buffer[TX1_Cnt];//把收到的数据原样返回
                B_TX1_Busy = 1;
                if( + + TX1_Cnt> = UART1_BUF_LENGTH)
                TX1_Cnt = 0;
            }
        else{if(INT1 = = 0)
```

```
                    {REN = 1;}}
            }
    }
    void UART1_int(void)interrupt 4   //中断服务子程序
    {
            if(RI)
            {
                    RI = 0;
                    RX1_Buffer[RX1_Cnt] = SBUF;
                    if( ++ RX1_Cnt >= UART1_BUF_LENGTH)
                    RX1_Cnt = 0;      //防溢出
            }
            if(TI)
            {
                    TI = 0;
                    B_TX1_Busy = 0;
            }
    }
```

第三步　配置工程，编译程序。

第四步　软件调试程序。

第五步　在太阳能自动追踪系统实验板上下载这个程序，分析实验现象。

任务二　STC15F2K60S2 单片机对舵机的控制

【任务描述】

利用单片机定时器进行时间周期设定，对舵机进行 PWM 控制，来达到舵机偏转相应角度的目的。

【实训仪器、设备及实训材料】

工具、设备和耗材	数量	工具、设备和耗材	数量	工具、设备和耗材	数量
电脑	1 台	15 单片机下载线和 USB 线	1 根	RDS3115mg 舵机	1 台
Keil μVision4	1 套	STC15F2K60S2	1 片	太阳能自动追踪系统	1 套

【实施过程及步骤】

第一步　熟悉太阳能自动追踪系统硬件接线图，参见任务一中图 4-2。

第二步　在 Keil μVision4 集成开发环境中，编写程序。

参考程序：

```c
#include "STC15F2K60S2. h"
#include "INTRINS. H"
#define uchar unsigned char
#define uint unsigned int
uint a;
sbit pwm = P0^0;
sbit IN1 = P0^1;
sbit IN2 = P0^2;
sbit flage = P1^1;
sbit beep = P1^2;
void init()
{
    a = 200;
    p10 = 0;
    TMOD = 0x11;
    TH0 = (65536 - 100)/256;
    TL0 = (65536 - 100) % 256;
    EA = 1;
    ET0 = 1;
}
void main()
{
    P0M0 = 0x00;
    P0M1 = 0x00;
    P1M0 = 0x00;
    P1M1 = 0x00;
    init();
    IN1 = 0;
    IN2 = 1;
    TR0 = 1;
    flage = 1;
      pwm = 1;
    while(1);
}
void timer0()interrupt 1 //定时器 0 周期为 0.1ms
{
    TH0 = (65536 - 100)/256;
    TL0 = (65536 - 100) % 256;
    if(flage = = 1)
      {
      beep = 1;
      if(a>195)//产生周期为 20ms,高电平为 0.5ms,舵机会转到 0°
      pwm = 1;//如果想反转方向,就需设置第一个 p10 = 0,第二个 p10 = -1
```

```
else
pwm = 0;
a - - ;
if(a<1)a = 200;
}
else
  {
  beep = 0;
  if(a>180)//产生周期为 20ms,高电平为 2.0ms,舵机会转到 135°
  pwm = 1;
  else
  pwm = 0;
  aa - - ;
  if(a<1)a = 200;
  }
}
```

第三步　配置工程，编译程序。

第四步　软件调试程序。

第五步　在太阳能自动追踪系统实验板上下载这个程序，分析实验现象。

任务三　太阳能自动追踪系统整体设计与制作

【任务描述】

　　以 STC15F2K60S2 增强型 8051 内核单片机为核心，通过单片机的 4 路 A/D 对太阳能电池板进行信号采集或者对光敏模块的输出信号进行采集，把采集到的数值通过单片机进行运算、对比，通过两个 I/O 输出口来对舵机进行 PWM 控制，从而实现系统的逐日运动。同时，用 4 个指示灯来表示系统东、南、西、北 4 个方位的状态。

【实训仪器、设备及实训材料】

工具、设备和耗材	数量	工具、设备和耗材	数量	工具、设备和耗材	数量
电脑	1 台	15 单片机下载线和 USB 线	1 根	稳压电源	1 台
Keil μVision4	1 套	STC15F2K60S2	1 片	太阳能自动追踪系统	1 套

【实施过程及步骤】

　　第一步　熟悉太阳能自动追踪系统硬件接线图，参见任务一中图 4-2。

　　第二步　在 Keil μVision4 集成开发环境中，编写程序。

参考程序:

(1) 光敏模块模式

```c
# include "STC15.h"
# include <intrins.h>
# define uchar unsigned char
# define uint unsigned int
/**************函数声明**************/
void ADadjust(void);
void Timer0_Init(void);
void delay(unsigned int ms);
uint Get_ADC10bitResult(uchar channel);
/**************定义使用的 I/O 管脚**************/
sbit _PWM = P4^1;//舵机一控制信号
sbit _PWM2 = P4^2;//舵机二控制信号
//模块信号输入端口
sbit IN_1 = P0^0;
sbit IN_2 = P0^1;
sbit IN_3 = P0^2;
sbit IN_4 = P0^3;
uchar ucCount = 20;
uchar ucCount2 = 20;
uint uCount,uCount2;
void main()
{  //设定舵机输出端口为强推挽输出模式
    P4M0 = 0X06;
    P4M1 = 0X00;
    P0M0 = 0X00;//P0 端口设为双向 I/O 口
    P0M1 = 0X00;
    Timer0_Init();
    while(1)
    {
        ADadjust();
    }
}
void ADadjust(void)
{
        if(IN_3 = = 1&&IN_4 = = 0)
    {
        ucCount2 + + ;
        uCount2 = 0;
        if(40 = = ucCount2)
        ucCount2 = 39;
    }
    else if(IN_3 = = 1&&IN_4 = = 1)
```

```
        {
            ucCount2 = ucCount2;
            uCount2 = 0;
        }
        else if(IN_3 = = 0&&IN_4 = = 1)
        {
            ucCount2 - - ;
            uCount2 = 0;
            if(9 = = ucCount2)
              ucCount2 = 10;
        }
        if(IN_1 = = 1&&IN_2 = = 0)
        {
            ucCount ++ ;
            uCount = 0;
            if(40 = = ucCount)
            ucCount = 39;
        }
        else if(IN_1 = = 1&&IN_2 = = 1)
        {
            ucCount = ucCount;
            uCount = 0;
        }
        else if(IN_1 = = 0&&IN_2 = = 1)
        {
            ucCount - - ;
            uCount = 0;
            if(9 = = ucCount)
              ucCount = 10;
        }
            delay(10);
    }
void Timer0_Init(void)
{
    TMOD | = 0x00;
    TL0 = 0xd2;     //设置定时初值
    TH0 = 0xff;     //设置定时初值
    TL1 = 0xd2;     //设置定时初值
    TH1 = 0xff;     //设置定时初值
    TR0 = 1;        //定时器 0 开始计时
    TR1 = 1;
    EA = 1;
    ET0 = 1;
    ET1 = 1;
}
```

```
void Timer0(void) interrupt 1 using 1
{
    TL0 = 0xd2;      //设置定时初值
    TH0 = 0xff;      //设置定时初值
    if(uCount < ucCount)
      _PWM = 1;
    else
      _PWM = 0;
    uCount ++ ;
    uCount % = 400;
}
void Timer1(void) interrupt 3 using 3
{
    TL1 = 0xd2;        //设置定时初值
    TH1 = 0xff;        //设置定时初值
    if(uCount2 < ucCount2)
      _PWM2 = 1;
    else
      _PWM2 = 0;
    uCount2 ++ ;
    uCount2 % = 400;
}
void delay(unsigned int ms)
{   unsigned int i;
    do{
      i = 11059200 / 13000;
      while( - - i); }while( - - ms);
}
```

（2）太阳能电池板模式

```
# include "STC15. h"
# include <intrins. h>
# define uchar unsigned char
# define uint unsigned int
void ADadjust(void);
void Timer0_Init(void);
void delay(unsigned int ms);
uint Get_ADC10bitResult(uchar channel);
sbit _PWM = P4^1;
sbit _PWM2 = P4^2;
uchar ucCount = 20;
uchar ucCount2 = 20;
uint uCount,uCount2;
uint x0,x1,y0,y1;
void main()
```

```
    {
        P4M0 = 0X06;
        P4M1 = 0X00;
        P1M0 = 0x0f;
        P1M1 = 0x0f;
        P1ASF = 0x0F;
        ADC_CONTR = 0xE0;
        Timer0_Init();
        while(1)
        {
            ADadjust();
        }
    }
    void ADadjust(void)
    {
    uchar i;
    for(i = 0;i<10;i++)
    {
        x0 + = Get_ADC10bitResult(0);
        x1 + = Get_ADC10bitResult(1);
        y0 + = Get_ADC10bitResult(2);
        y1 + = Get_ADC10bitResult(3);
    }
    x0 = x0/300;
    x1 = x1/300;
    y0 = y0/100;
    y1 = y1/100;
    if(x0>x1)
    {
            ucCount2 ++ ;
            uCount2 = 0;
            if(40 = = ucCount2)
                ucCount2 = 39;
    }
    else if(x0 = = x1)
    {
            ucCount2 = ucCount2;
            uCount2 = 0;
    }
    else
    {
            ucCount2 - - ;
            uCount2 = 0;
            if(9 = = ucCount2)
            ucCount2 = 10;
```

```
}
if(y0>y1)
{
      ucCount++;
      uCount = 0;
      if(40 == ucCount)
        ucCount = 39;
}
else if(y0 == y1)
{
      ucCount = ucCount;
      uCount = 0;
}
else
{
      ucCount--;
      uCount = 0;
      if(9 == ucCount)
          ucCount = 10;
   }
      delay(18);
}
void Timer0_Init(void)
{
    TMOD |= 0x00;
    TL0 = 0xd2;    //设置定时初值
    TH0 = 0xff;    //设置定时初值
    TL1 = 0xd2;    //设置定时初值
    TH1 = 0xff;    //设置定时初值
    TR0 = 1;       //定时器0开始计时
    TR1 = 1;
    EA = 1;
    ET0 = 1;
    ET1 = 1;
}
void Timer0(void)interrupt 1 using 1
{
    TL0 = 0xd2;    //设置定时初值
    TH0 = 0xff;    //设置定时初值
    if(uCount < ucCount)
      _PWM = 1;
    else
      _PWM = 0;
    uCount++;
    uCount %= 400;
```

```
}
void Timer1(void)interrupt 3 using 3
{
    TL1 = 0xd2;        //设置定时初值
    TH1 = 0xff;        //设置定时初值
    if(uCount2 < ucCount2)
      _PWM2 = 1;
    else
      _PWM2 = 0;
    uCount2 ++ ;
    uCount2 % = 400;
}
uint Get_ADC10bitResult(uchar channel)//channel = 0~7
{
    ADC_RES = 0;
    ADC_RESL = 0;
    ADC_CONTR = (ADC_CONTR & 0xe0)| ADC_START | channel;
    _nop_();
    _nop_();
    _nop_();
    _nop_();
    while((ADC_CONTR & ADC_FLAG) = = 0);
    ADC_CONTR & = ~ADC_FLAG;//返回 10 位 AD 值
    return(((uint)ADC_RES ≪ 2)|(ADC_RESL & 3));
}
void delay(unsigned int ms)
{    unsigned int i;
    do{
        i = 11059200 / 13000;
        while( - - i);
    }while( - - ms);
}
```

第三步　配置工程，编译程序。

第四步　软件调试程序。

第五步　在太阳能自动追踪系统实验板上下载程序，比较光敏模块模式和太阳能电池板模式的异同，分析实验现象。

 项目相关知识

知识点一　STC15F2K60S2 单片机的基本知识

STC15F2K60S2 单片机是最常用的宏晶 STC 系列单片机之一，属于增强型 8051 内核单片机。

1. STC15F2K60S2 单片机的基本结构

- 增强型 8051 内核，单时钟机器周期，速度比传统 8051 内核单片机快 8～12 倍。
- 60KB Flash 程序存储器；1KB 数据 Flash；2048 字节的 SRAM。
- 3 个 16 位可自动重装载的定时/计数器（T0、T1、T2）。
- 可编程时钟输出。
- 至多 42 根 I/O 接口线。
- 2 个全双工异步串行口（UART）。
- 1 个高速同步通信端口（SPI）。
- 8 通道 10 位 ADC。
- 3 通道 PWM/可编程计数器阵列/捕获/比较单元。
- 内部高可靠通电复位电路和硬件看门狗。
- 内部集成高精度 R/C 时钟，常温工作时，可以省去外部晶振电路。

内部结构与传统 8051 类似，基本结构框图如图 4-3 所示。

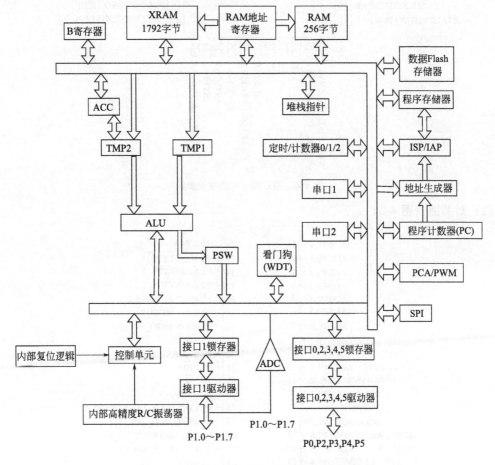

图 4-3 STC15F2K60S2 单片机的基本结构框图

2. STC15F2K60S2 单片机的引脚及功能

(1) 引脚图 (图 4-4)

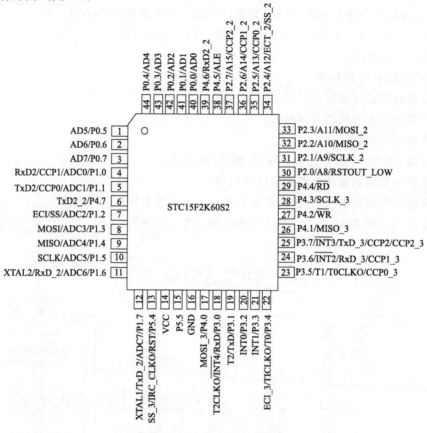

图 4-4　STC15F2K60S2 引脚图

(2) 封装图 (图 4-5)

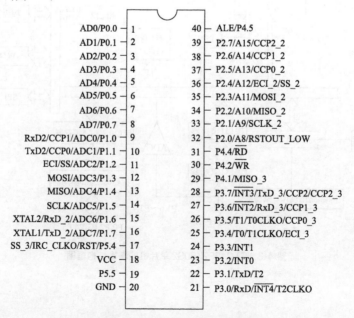

图 4-5　STC15F2K60S2 封装图

(3) 逻辑符号图 (图 4-6)

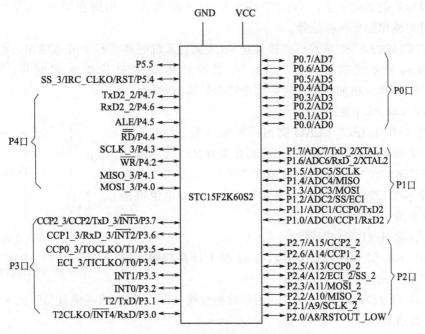

图 4-6 STC15F2K60S2 逻辑符号图

温馨提示

　　在实际应用中，设计单片机应用系统的原理图时，一般应使用逻辑符号图，以便进行电路分析，而设计应用系统的印刷电路板图时，必须使用单片机的引脚图。

(4) 主要引脚介绍

① 电源

● VCC：一般接电源的＋5V。具体的电压幅度应参考单片机的手册。

● GND：接电源地。

② 外接晶体引脚

● XTAL1 和 XTAL2：芯片内部一个反相放大器的输入端和输出端。通常用于连接晶体振荡器。

● 常见的连接方法如图 4-7 所示。

注：晶体振荡器 M 的频率可以在 4～48MHz 之间选择，典型值是 11.0592MHz（因为设计单片机通信应用系统时，使用这个频率的晶振可以准确地得到 9600bit/s 和 19200bit/s 的波特率）。电容 C_1、C_2 对时钟频率有微调作用，可在 5～100pF 之间选择，典型值是 47pF。

③ 控制和复位引脚

● ALE（与 P4.5 复用）

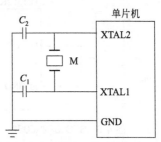

图 4-7 常见外接晶体引脚连接图

功能：当访问外部存储器或者外部扩展的并行 I/O 口时，ALE（允许地址锁存）的输出用于锁存地址的低位字节。STC15F2K60S2 单片机的 ALE 引脚在用 MOVX 指令访问片外扩展器件时输出地址锁存信号。

注：STC15F2K60S2 单片机直接禁止 ALE 脚对系统时钟进行 6 分频输出，彻底清除此干扰源，有利于系统的抗干扰设计。如果设计中需要单片机输出时钟，可以利用 STC15F2K60S2 单片机的可编程时钟输出脚对外输出时钟。

- RST（与 P5.4 复用）

注：P5.4/RST/IRC_CLKO 脚出厂时默认为 I/O 口，可以在 STC-ISP 编程软件下载程序时，将其设置为 RST 复位脚。

STC15F2K60S2 单片机内部集成了 MAX810 专用复位电路，时钟频率在 12MHz 以下时，复位脚可接 10kΩ 电阻再接地，如图 4-8 所示。

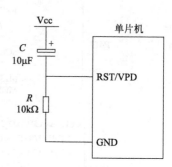

图 4-8　复位电路连接图

④ 输入/输出（I/O）引脚

STC15F2K60S2 单片机最多可以有 42 根 I/O 接口线，42 根 I/O 接口线分别为：

- P0 口（8 根）：P0.0～P0.7。用作数据总线（D7～D0）或者地址总线低 8 位（A7～A0）；用作普通 I/O。

- P1 口（8 根）：P1.0～P1.7。用作普通 I/O；复用为 ADC 转换输入、捕获/比较/脉宽调制、SPI 通信线、第二串口或者第二时钟输出。

- P2 口（8 根）：P2.0～P2.7。用作通用 I/O；用作地址总线的高 8 位输出；用作 SPI 和捕获/比较/脉宽调制的备用切换端口。

- P3 口（8 根）：P3.0～P3.7。用作通用 I/O；可复用为外部中断输入、计数器输入、时钟输出、第一串口和外部总线的读/写控制。

- P4 口（8 根）：P4.0～P4.7。用作通用 I/O；某些接口线具有复用功能，可配置为 SPI 通信线、捕捉/比较/脉宽调制、第二串口线等。

- P5 口（2 根）：P5.4、P5.5。P5.4/RST（复位脚）/IRC_CLKO（内部 R/C 振荡时钟输出，输出的频率可为 MCLK/1 或 MCLK/2）/SS_3（SPI 接口的从机选择信号备用切换引脚）；该引脚默认为 I/O 口，可以通过 ISP 编程将其设置为 RST（复位）引脚。

3. STC15F2K60S2 单片机最小系统

在实际工程应用中，由于应用条件及控制要求的不同，单片机外围电路的组成各不相同。单片机的最小系统就是指在尽可能少的外部电路条件下，能使单片机独立工作的系统。

STC15F2K60S2 集成了 60KB 程序存储器、2048 字节 RAM、高可靠复位电路和高精度 R/C 振荡器。一般情况下，不需要外部复位电路和外部晶振，只需要接上电源，并在 VCC 和 GND 之间接上滤波电容 C_1 和 C_2，如图 4-9 所示。

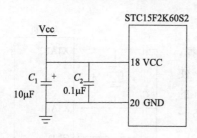

图 4-9　STC15F2K60S2
单片机电源与接地

为了能够给单片机下载程序，可以在 RxD 和 TxD 引脚上连接 RS 232 和 TTL 的转换电路，以连接计算机，通过下载工具将用户程序下载到单片机中。RS 232 和 TTL 的转换电路如图 4-10 所示。

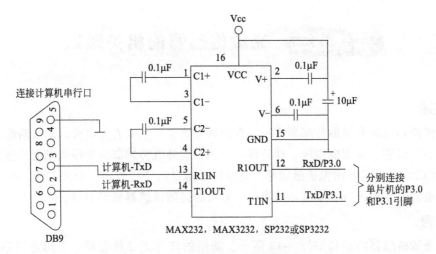

图 4-10 RS 232 和 TTL 的转换电路

知识点二 舵机控制原理

舵机又叫伺服电机，主要由舵盘、减速齿轮组、位置反馈电位计、直流电机、控制电路等几部分组成。实物如图 4-11 所示。

控制电路板接收来自信号线的控制信号，控制电机转动，电机带动一系列齿轮组，减速后传至输出舵盘。舵机的输出轴和位置反馈电位计是相连的，舵盘转动的同时，带动位置反馈电位计，电位计将输出一个电压信号到控制电路板进行反馈，然后控制电路板根据所在位置决定电机转动的方向和速度，达到目标后停止。

舵机一般有三根引线，分别是电源线、地线、信号线。驱动电压一般为 6～7V，其中信号线为 PWM 输入线，通过改变 PWM 的脉冲宽度可达到控制舵机的偏转角度的目的。该舵机的控制信号

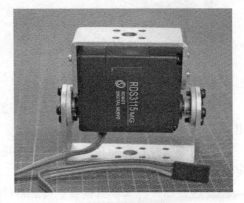

图 4-11 舵机实物

为周期 20ms 的脉宽调制（PWM）信号，其中脉冲宽度的 0.5～2.5ms，相对应舵盘的位置为 0°～180°，呈线性变化。也就是说，给它提供一定的脉宽，它的输出轴就会保持在一个相对应的角度上，无论外界转矩怎样改变，直到给它提供一个另外宽度的脉冲信号，它才会改变输出角度到新的对应的位置上。具体对应的控制关系如下：0.5ms 对应 0°；1.0ms 对应 45°；1.5ms 对应 90°；2.0ms 对应 135°；2.5ms 对应 180°。舵机内部有一个基准电路，产生周期为 20ms，宽度为 1.5ms 的脉冲信号，有一个比较器，将外加信号与基准信号相比较，判断出方向和大小，从而产生电机的转动信号。

知识点三　光敏传感器的相关知识

1. 概述

光敏传感器是最常见的传感器之一，它的种类繁多，主要有光电管、光电倍增管、光敏电阻、光敏三极管、太阳能电池、红外线传感器、紫外线传感器、光纤式光电传感器、色彩传感器、CCD 和 CMOS 图像传感器等。光敏传感器目前产量较多、应用广泛，在自动控制和非电量电测技术中占有非常重要的地位。常见的光敏传感器见图 4-12。

2. 结构

常见光敏传感器的结构如图 4-13 所示。新型的环保光敏传感器，采用进口芯片制作，具有测量范围广、精度高、灵敏度好、一致性好、符合 ROHS 标准等特点。

图 4-12　常见的光敏传感器

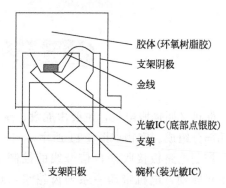

图 4-13　常见光敏传感器的结构

胶体(环氧树脂胶)
支架阴极
金线
光敏IC(底部点银胶)
支架
支架阳极
碗杯(装光敏IC)

3. 组成

光敏传感器主要由四部分组成：敏感元件、转换器件、信号调节（转换）电路、辅助电源。

① 敏感元件：它能直接感受被测非电量，并按一定规律将其转换成与被测非电量有确定对应关系的其他物理量。

② 转换器件（又称变换、传感器件）：将敏感元件输出的非电物理量（如光强等）转换成电路参量。

③ 信号调节（转换）电路：将转换器件输出的电信号进行放大、运算等，以获得便于显示、记录、处理和控制的有用电信号。

④ 辅助电源：它的作用是提供能源。有的传感器需要外部电源供电；有的传感器则不需要外部电源供电，如压电传感器。

4. 工作原理

光敏传感器是利用光敏元件将光信号转换为电信号的传感器，它的敏感波长在可见光波长附近，包括红外线波长和紫外线波长。光敏传感器不只局限于对光的探测，它还可以作为探测元件组成其他传感器，对许多非电量进行检测，只要将这些非电量转换为光信号的变化即可。光敏传感器接线示意图如图 4-14 所示。

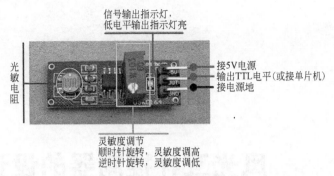

图 4-14 光敏传感器接线示意图

5. 注意事项

光敏传感器采用防静电袋封装。在使用的过程中应该避免在潮湿的环境中使用，还应该注意表面的损伤和污染程度，它们均会影响光电流。

6. 应用

光敏传感器主要应用于太阳能草坪灯、光控小夜灯、照相机、光控玩具、声光控开关、摄像头、防盗钱包、光控音乐盒、生日音乐蜡烛、音乐杯、人体感应灯、人体感应开关等方面。

项目 五

风光互补控制器的设计与制作

随着时代的发展，新能源逐渐走进人们生活，太阳能和风能是目前最常见的两种新能源。如何实现太阳能和风能的能源转换，充分合理利用资源、提高效率，实现新能源的可持续发展，是我们一直研究的方向。让我们一起学习如何设计风光互补控制器，图 5-1 是风光互补控制器典型产品。

图 5-1　风光互补控制器典型产品

📖 学习目标

技能目标	1. 设计与制作风光互补控制器硬件； 2. 掌握风光互补控制器的程序设计方法。
知识目标	1. 掌握风光互补工作原理； 2. 了解温湿度传感器的相关知识； 3. 了解光照传感器的相关知识。

📑 项目描述及任务分解

风光互补控制器以 STC15F2K60S2 单片机为控制核心，通过光湿度传感器进行日照强度、温湿度采集，可同时控制太阳能电池板、风力发电机将太阳能和风能转化为电能供负载使用，并将多余的电存储到蓄电池中。通过原理图模拟仿真、程序设计，实现硬件的制作。本项目分为以下三个任务完成。

　　任务一　风光互补控制器初始化；

　　任务二　数码管显示；

　　任务三　风光互补控制器整体设计与制作。

任务一　风光互补控制器初始化

【任务描述】

　　太阳能和风能产生的直流电压会使风光互补控制器产生信号，为了让采集的数据准确无误，需让风光互补控制器初始化，使所有 LED 灯熄灭、数码管显示初始值 0。

【实训仪器、设备及实训材料】

工具、设备和耗材	数量	工具、设备和耗材	数量	工具、设备和耗材	数量
电脑	1 台	15 单片机下载线和 USB 线	1 根	稳压电源	1 台
Keil μVision4	1 套	STC15F2K60S2	1 片	风光互补控制器系统	1 套

【实施过程及步骤】

　　第一步　熟悉风光互补控制器系统硬件接线图，如图 5-2 所示。圈内指示灯，从左到右依次为：风能输入指示灯、光伏输入指示灯、蓄电池充电指示灯、蓄电池放电指示灯、电源指示灯。

图 5-2　风光互补控制器系统硬件接线图

1—光伏输入端；2,3—风机输入端；4—24V 输入端：补偿电压；

5—12V 输出；6—蓄电池端；7—RS 232；8—RS 485；9—检测端；10—下载口；

11—数码管：显示蓄电池电压

第二步 在 Keil μVision4 集成开发环境中，编写程序。

参考程序：

```c
#include<CMD.H>
//初始化程序
void Start (void)
{
    StartPort();          //初始化端口
    StartAbort();         //初始化中断
    StartData();          //初始化数据
}
void StartPort(void)      //初始化端口
{
    P0 = 0xff;
    P1 = 0xff;
    P2 = 0xff;
    P3 = 0xff;
    P4 = 0XFF;
    WaitUS(50000);
}
void StartAbort (void)    //初始化中断
{
    //定时器中断
    TMOD = 0X21;          //设定定时器工作模式
    TH0 = TIMEMSH;        //设定定时值为1000μs
    TL0 = TIMEMSL;
    TR0 = 1;              //启动定时器0
    ET0 = 1;              //使能定时器0中断
    EA = 1;
}
void StartData(void)      //初始化数据
{
    P0M0  = 0X40;
    P0M1  = 0X00;
    P1M1  = 0x24;
    P1M0  = 0x24;
    P2M0  = 0X07;
    P2M1  = 0X00;
    P3M0  = 0X30;
    P3M1  = 0X00;
    P4M0  = 0X00;
    P4M1  = 0X00;
    S0 = 0;        //关闭所有数码管
    S1 = 0;
    S2 = 0;
```

```
        S3 = 0;
        LED_BTOUT2 = 0;
        LED_BTOUT1 = 0;
        LED_BTIN = 0;
        LED_15VIN = 0;
        LED_15VO = 0;
        KZBTIN = 0;
        KZBTOUT2 = 0;
        KZBTOUT1 = 0;
        KZ15VO = 0;
        KZ15VIN = 0;
        WaitMS(3000);
        LED_BTOUT2 = 1;
        LED_BTOUT1 = 1;
        LED_BTIN = 1;
        LED_15VIN = 1;
        LED_15VO = 1;
// dispdata[0] = 0x00;
// dispdata[1] = 0x00;
// dispdata[2] = 0x00;
// dispdata[3] = 0x00;
    }
```

第三步　配置工程，编译程序。

第四步　软件调试程序。

第五步　在风光互补控制器系统实验板上下载这个程序，观察所有 LED 灯是否全灭，所有数码管是否显示初始值 0。

任务二 数码管显示

【任务描述】

将蓄电池电压通过数码管显示出来，S0~S3 分别控制 4 个数码管，DISP 控制每个数码管的 8 段发光管。

【实训仪器、设备及实训材料】

工具、设备和耗材	数量	工具、设备和耗材	数量	工具、设备和耗材	数量
电脑	1 台	15 单片机下载线和 USB 线	1 根	稳压电源	1 台
Keil μVision4	1 套	STC15F2K60S2	1 片	风光互补控制器系统	1 套

【实施过程及步骤】

第一步　熟悉风光互补控制器系统数码管显示电路，如图 5-3 所示。

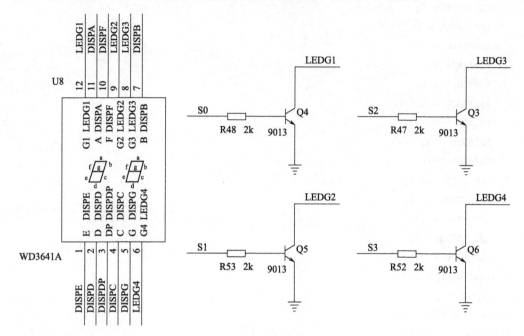

图 5-3　数码管显示电路

第二步　在 Keil μVision4 集成开发环境中，编写程序。

参考程序：

```
#include<stc15.h>
sbit S0 = P4^1;//数码管第一位
sbit S1 = P4^2;//数码管第二位
sbit S2 = P4^3;
sbit S3 = P4^4;
void main()
{
    P0M0 = 0X00;//控制管脚状态
    P0M1 = 0X00;
    P2M0 = 0X00;
    P2M1 = 0X00;
    P4M0 = 0X00;
    P4M1 = 0X00;
    S0 = S1 = S2 = S3 = 0;
    while(1)
    {
    P0 = 0X3f;//共阴数码管数字 0
    S3 = 1;
    }
}
```

第三步 配置工程，编译程序。

第四步 软件调试程序。

第五步 在风光互补控制器系统实验板上下载这个程序，观察并分析实验现象。

任务三 风光互补控制器整体设计与制作

【任务描述】

根据负载的变化，不断对蓄电池组的工作状态进行切换和调节，5 盏 LED 灯分别为风能输入指示灯、光伏输入指示灯、蓄电池充电指示灯、蓄电池放电指示灯、电源指示灯。数码管应显示蓄电池实时电压数据。

【实训仪器、设备及实训材料】

工具、设备和耗材	数量	工具、设备和耗材	数量	工具、设备和耗材	数量
电脑	1 台	15 单片机下载线和 USB 线	1 根	稳压电源	1 台
Keil μVision4	1 套	STC15F2K60S2	1 片	风光互补控制器系统	1 套

【实施过程及步骤】

第一步 熟悉太阳能自动追踪系统硬件接线图，参见任务一中图 5-2。

第二步 在 Keil μVision4 集成开发环境中，编写程序。

参考程序：

```
#include<CMD.H>        //变量
xdata unsigned int delayms;        //计时 ms(延时用)
xdata unsigned char dispnomber;    //显示位数
xdata unsigned char dispdata[4];   //显示数据
code unsigned char disptable[17] =  //显示段码
{
    // 0    1    2    3    4    5    6    7    8    9
    0x3F,0x06,0x5B,0x4F,0x66,0x6D,0x7D,0x07,0x7F,0x6F,
    //A    B    C    D    E    F    .
    0x77,0x7C,0x39,0x5E,0x79,0x71,0X80,
};
u16 TY,BT12V;
u16 BT12V_LOW = 1050;
u16 Get_ADC10bitResult(u8 channel);    //AD 转换
void main (void)
{
    ADC_CONTR = 0x80;        //90T, ADC power on
    Start ();               //初始状态
```

```
    while(1)
    {
        control();          //风光互补控制
    }
}
void control(void)
{
        if(CHK_15VO)     //判断太阳能输入电压
        {
          KZ15VO = 1;                //太阳能供电开启
          KZ15VIN = 1;               //开关电源供电开启
          LED_15VO = 0;              //太阳能输出指示灯
          LED_15VIN = 0;             //开关电源供电指示灯
          if(CHK_15V)                //判断15V电压
          {
            if(CHK_12V)              //判断输出电压是否大于12V
            {
              KZBTIN = 1;          //充电打开
              LED_BTIN = 0;         //可充电指示灯
              KZBTOUT2 = 0;
              LED_BTOUT1 = 1;
            }
          }
          else                       //小于12V电池放电
          {
              KZBTIN = 0;              //充电关闭
              LED_BTIN = 1;            //充电指示灯关闭
              KZBTOUT2 = 1;            //蓄电池放电开关打开
              LED_BTOUT1 = 0;          //蓄电池可放电指示灯
          }
          }
          else                       //小于15V,充电关闭
          {
              if(CHK_12V)            //判断输出电压是否大于12V
              {
                  KZBTIN = 1;      //充电打开
                  LED_BTIN = 0;     //充电指示灯
                  KZBTOUT2 = 0;
                  LED_BTOUT1 = 1;
              }
              else                   //小于12V电池放电
              {
                  KZBTIN = 0;          //充电打开
                  LED_BTIN = 1;        //充电指示灯
```

```
                KZBTOUT2 = 1;
                LED_BTOUT1 = 0;
            }
        }
}
else                          //太阳能输入电压不足
{
    KZ15VO = 0;               //关闭太阳能输出
    KZ15VIN = 0;              //关闭开关电源供电
    LED_15VO = 1;             //LED熄灭
    LED_15VIN = 1;
    KZBTIN = 0;               //充电关闭
    LED_BTIN = 1;
    if(BT12V<BT12V_LOW)
    {
        KZBTOUT2 = 0;
        LED_BTOUT1 = 1;
    }
    else
    {
        KZBTOUT2 = 1;
        LED_BTOUT1 = 0;
    }
}
} //定时器中断0
void time0() interrupt 1
{
    u16 i,num;
    TH0 = TIMEMSH;                    //1ms定时
    TL0 = TIMEMSL;
    delayms++;                        //延时1ms计数
    S0 = 0;                           //关闭所有数码管
    S1 = 0;
    S2 = 0;
    S3 = 0;
    if (dispnomber = = 0)             //开第一个数码管
    {
        P0 = disptable[dispdata[0]];      //输出电压值
        S0 = 1;
    }
    else if(dispnomber = = 1)
    {
        P0 = disptable[16];
        S0 = 1;
```

```
    }
    else if(dispnomber = = 2)
    {
        P0 = disptable[dispdata[1]];
        S1 = 1;
    }
    else if(dispnomber = = 3)
    {
        P0 = disptable[dispdata[2]];
        S2 = 1;
    }
    else
    {
        P0 = disptable[dispdata[3]];
        S3 = 1;
    }
    dispnomber + + ;
    if (dispnomber = = 5)
    {
        dispnomber = 0;
    }
    if( + + num = = 1000)
    {
            num = 0;
            for(TY = 0, i = 0;i＜16;i + + )
            {
            TY + =  Get_ADC10bitResult(2);      //读外部电压 ADC
            BT12V + = Get_ADC10bitResult(5);
            }
            TY = (TY ≫ 4);                      //16 次平均
            TY = (u16)((u32)TY/48. 46 * 100);     //计算外部电压
            BT12V = (BT12V ≫ 4);                //16 次平均
            BT12V = (u16)((u32)BT12V/48. 46 * 100);//计算外部电压
            dispdata[0] = TY/1000;              //存放电压十位
            dispdata[1] = TY/100 % 10;           //存放电压个位
            dispdata[2] = TY % 100/10;          //存放小数点后第一位
            dispdata[3] = TY % 10;              //存放小数点后第二位
    }
}
u16Get_ADC10bitResult(u8 channel)              //选择 ADC 通道
{
    ADC_RES =  0;
    ADC_RESL = 0;
    ADC_CONTR = (ADC_CONTR & 0xe0)| ADC_START | channel;         //启动 ADC
```

```
    _nop_();
    _nop_();
    _nop_();
    _nop_();
    while((ADC_CONTR & ADC_FLAG) = = 0);        //等待转换完成
    ADC_CONTR & = ～0x10;                        //清除 ADC 结束标志

    return(((u16)ADC_RES ≪ 2)|(ADC_RESL & 3));  //返回 ADC 采样的值
}
```

第三步　配置工程，编译程序。

第四步　软件调试程序。

第五步　在风光互补控制器系统实验板上下载程序，观察并分析实验现象，记录数据。

 项目相关知识

 知识点一　风光互补工作原理

　　风光互补控制系统是一套发电应用系统，主要由风力发电机组、太阳能光伏电池组、控制器、蓄电池、逆变器、负载等部分组成。该系统是利用太阳能电池方阵、风力发电机（将交流电转化为直流电）将发出的电能存储到蓄电池组中，当用户需要用电时，逆变器将蓄电池组中储存的直流电转变为交流电，通过输电线路送到用户负载处。风力发电机和太阳能电池方阵两种发电设备共同发电，夜间和阴雨天无阳光时由风能发电，晴天由太阳能发电，在既有风又有太阳的情况下两者同时发挥作用，可实现全天发电功能。

知识点二　温湿度传感器的基本知识

1. 概述

　　温湿度传感器是众多传感器中的一种，是把空气中的温湿度通过一定检测装置，测量到温湿度后，按一定的规律变换成电信号或其他所需形式的信息输出，用以满足用户需求。由于温度与湿度不管是从物理量本身还是在人们的实际生活中都有着密切的关系，所以温湿度一体的传感器就会相应产生。温湿度传感器是指能将温度量和湿度量转换成容易被测量、处理的电信号的设备或装置。市场上的温湿度传感器一般用于测量温度量和相对湿度量。温湿度传感器实物如图 5-4 所示。

图 5-4　温湿度传感器实物

2. 分类

常见的温湿度传感器主要有以下三大类。

(1) 模拟量型温湿度传感器

温湿度一体化传感器是采用数字集成传感器作为探头，配以数字化处理电路，从而将环境中的温度和相对湿度转换成与之相对应的标准模拟信号（4～20mA、0～5V 或者 0～10V)，可以直接同各种标准的模拟量输入的二次仪表连接。

(2) 485 型温湿度传感器

电路采用微处理器芯片、温湿度传感器，确保产品的可靠性、稳定性和互换性。采用颗粒烧结探头护套，探头与壳体直接相连。输出信号类型为 RS 485，能可靠地与上位机系统等进行集散监控，最远可通信 2000m，采用标准的 Modbus 协议，支持二次开发。

(3) 网络型温湿度传感器

网络型温湿度传感器可采集温湿度数据并通过以太网/WiFi/GPRS 方式上传到服务器，充分利用已架设好的通信网络实现远距离的数据采集和传输，实现温湿度数据的集中监控，可大大减少施工量，提高施工效率和维护成本。

3. 注意事项

① 选择测量范围　和测量重量、温度一样，选择温湿度传感器首先要确定测量范围。除了气象、科研部门外，进行温、湿度测控的一般不需要全湿程（0～100％RH）测量。

② 选择测量精度　测量精度是温湿度传感器最重要的指标，每提高一个百分点，对温湿度传感器来说就是上一个台阶，甚至是上一个档次。因为要达到不同的精度，其制造成本相差很大，售价也相差甚远。所以使用者一定要量体裁衣，不宜盲目追求"高、精、尖"。如在不同温度下使用温湿度传感器，其示值还要考虑温度漂移的影响。众所周知，相对湿度是温度的函数，温度会严重地影响指定空间内的相对湿度。温度每变化 0.1℃，将产生 0.5％RH 的湿度变化（误差）。使用场合如果难以做到恒温，则提出过高的测湿精度是不合适的。多数情况下，如果没有精确的控温手段，或者被测空间是非密封的，±5％RH 的精度就足够了。对于要求精确控制恒温、恒湿的局部空间，或者需要随时跟踪记录湿度变化的场合，应选用±3％RH 以上精度的温湿度传感器。

③ 考虑时漂和温漂　在实际使用中，由于尘土、油污及有害气体的影响，使用时间一长，电子式温湿度传感器会产生老化，精度下降，电子式温湿度传感器年漂移量一般都在±2％左右，甚至更高。一般情况下，生产厂商会标明 1 次标定的有效使用时间为 1 年或 2 年，到期需重新标定。

④ 其他注意事项　温湿度传感器是非密封性的，为保护测量的准确度和稳定性，应尽量避免在酸性、碱性及含有机溶剂的气氛中使用，也避免在粉尘较大的环境中使用。为正确反映所测空间的湿度，还应避免将传感器安放在离墙壁太近或空气不流通的死角处。如果被测的房间太大，就应放置多个传感器。有的温湿度传感器对供电电源要求比较高，若供电电源选择不合适将影响测量精度；或者传感器之间相互干扰，甚至无法工作。使用时应按照技术要求提供合适的、符合精度要求的供电电源。传感器需要进行远距离信号传输时，要注意信号的衰减问题。当传输距离超过 200m 以上时，建议选用频率输出信号的温湿度传感器。

4. 应用

(1) 文物博物馆温湿度传感器

古文物之所以历经数百年、数千年而保持完好，是由于其深埋于地下时，处在近乎封闭的环境中，物理的、化学的、生物的变化都停留在某种平衡状态。但是随着它出土，这种平衡性也会遭到破坏，所以文物出土后我们要采取有效的措施防止它们逐渐被腐蚀、消耗。文物在博物馆和档案馆中很容易受到空气腐蚀，所以利用温湿度传感器监控文物所在环境的温湿度是很有必要的。

文物博物馆的温度和湿度要求是非常苛刻的，必须利用温湿度传感器对温度、湿度进行24h实时监测，而且这些数据必须及时地传送给监控中心。一旦数值出现超出预设温湿度上下限，监测主机就会立即报警，从而文物保护人员就能及时地采取有效措施来确保文物的良好环境。灵活的传感器探头可直接放置于测量点进行使用，无需布线，省时省力。随着温湿度传感器的发展，用于监控文物的温湿度传感器（图5-5）也会大大改进，使得其精度更高、体积更小、灵敏度更加优越。

（2）风道管温湿度传感器

风道管温湿度传感器一般采用原装进口的温湿度传感模块，通过高性能单片机的信号处理，可以输出各种模拟信号，具有广泛的应用，甚至超过一般壁挂式温湿度传感器。

风道管温湿度传感器采用灵活的管道式安装，使用方便，输出标准模拟信号，可直接应用于各种控制机构和控制系统。其整机性能优越，长期稳定性更出色。这种温湿度传感器一般温度范围是$-40\sim120℃$，而湿度范围为$0\sim100\%RH$。风道管温湿度传感器（图5-6）广泛应用于楼宇自动化、气候与暖通信号采集、博物馆和宾馆的气候站、大棚温室以及医药行业等。

图5-5 文物博物馆温湿度传感器

图5-6 风道管温湿度传感器

知识点三 光照强度传感器的相关知识

光照强度传感器（图5-7）是一种用于检测光照强度（简称照度）的传感器，工作原理是将光照强度值转为电压值，主要应用于农业、林业、温室大棚培育、养殖、建筑等的光照测量及研究。

光照强度传感器是基于热点效应原理，这种传感器最主要是使用了对弱光性有较强反应

图 5-7 光照强度传感器实物

的探测部件，这些感应元件其实就像相机的感光矩阵一样，内部有绕线电镀式多接点热电堆，其表面涂有高吸收率的黑色涂层，热接点在感应面上，而冷接点则位于机体内，冷热接点可产生温差电势。在线性范围内，输出信号与太阳辐照度成正比。透过滤光片的可见光照射到入口光敏二极管，光敏二极管根据可见光照度大小转换成相应电信号，然后电信号会进入传感器的处理器系统，从而输出需要得到的二进制信号。

光照强度传感器的检测对象主要是自然光照和人工光照。自然光照和人工光照范围有所不同，具体如下。

① 自然光照的范围　夏季在阳光直接照射下，光照强度可达 $6×10^4 \sim 10×10^4 lx$，没有太阳的室外为 $0.1×10^4 \sim 1×10^4 lx$，夏天明朗的室内为 $100 \sim 550 lx$，夜间满月下为 $0.2 lx$。

② 人工光照的范围　白炽灯每瓦大约可发出 12.56 lx 的光，但数值随灯泡大小而异，小灯泡能发出较多的流明，大灯泡较少。荧光灯的发光效率是白炽灯的 3～4 倍，寿命是白炽灯的 9 倍，但价格较高。一个不加灯罩的白炽灯泡所发出的光线中，约有 30% 的流明被墙壁、顶棚、设备等吸收；若灯泡的质量差或环境阴暗，也要减少许多流明，所以大约只有 50% 的流明可利用。一般在有灯罩，灯高度为 2.0～2.4m（灯泡距离为高度的 1.5 倍）时，每 $0.37m^2$ 面积上需 1W 灯泡或 $1m^2$ 面积上需 2.7W 灯泡，可提供 10.76 lx。灯泡安装的高度及有无灯罩对光照强度影响很大。

光照强度传感器应安装在四周空旷，感应面以上没有任何障碍物的地方。将辐射表电缆插头正对北方，调整好水平位置，将其牢牢固定，再将总辐射表输出电缆与记录器相连接，即可观测。最好将电缆牢固地固定在安装架上，以减少断裂或在有风天发生间歇中断现象。

项目 六

简易辐照度测试仪的
设计与制作

由于光伏组件和光伏仪器价格均偏高，在广泛使用过程中有一定的阻力，为了降低光伏使用成本，设计了一个简易的辐照度测试仪，经过我们长期测试，它和市面上普遍使用的辐照度测试仪的准确度相差不大，但是成本却低很多，图6-1是市面上常见的辐照度测试仪。

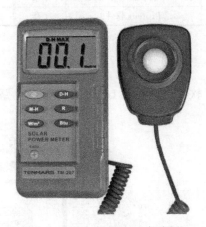

图 6-1　市面上常见的辐照度测试仪

学习目标

技能目标	1.会编写光照度传感器的显示程序； 2.会编写时间和温湿度传感器的显示程序。
知识目标	1.掌握光照度传感器的基本原理； 2.掌握时间和温湿度传感器的基本原理。

项目描述及任务分解

利用高性能单片机速度处理快的优点设计一台简易辐照度测试仪，通过光照度传感器检测光照度，利用光照度和辐照度之间的转换关系，可以转换为辐照度；同时利用温湿度传感器检测环境的温湿度，把测量的值通过 LCD12864 液晶屏进行显示，因此把项目分解成以下两个任务。

任务一　LCD12864 显示字符；

任务二　简易辐照度测试仪整体设计与制作。

任务一　LCD12864 显示字符

【任务描述】

在 LCD12864 液晶屏上显示文字和数字等字符。

【实训仪器、设备及实训材料】

工具、设备和耗材	数量	工具、设备和耗材	数量	工具、设备和耗材	数量
电脑	1 台	51 单片机下载线和 USB 线	1 根	稳压电源	1 台
Keil μVision4	1 套	Proteus 软件	1 套	STC15 单片机开发板	1 套

【实施过程及步骤】

第一步　在 Proteus 仿真软件中，绘制 LCD12864 显示电路，参考图 6-2。

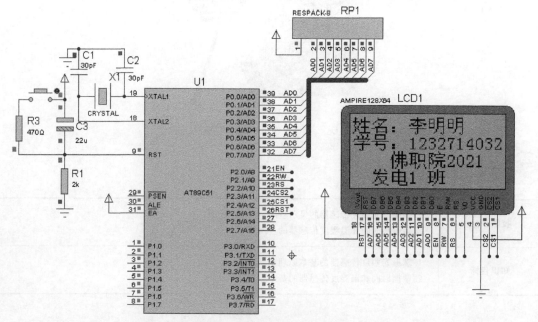

图 6-2　LCD12864 显示字符电路

第二步 在 Keil μVision4 集成开发环境中,编写程序。

参考程序:

```c
#include<AT89X52.h>
#include<intrins.h>
#include<math.h>
#include"source.h"
#define uchar unsigned char
#define uint   unsigned int

#define LCD_databus P0 //LCD12864 的 8 位数据口

sbit RS = P2^2;          //RS 为 0---命令;1----数据
sbit RW = P2^1;          //RW 为 1---写;0---读
sbit EN = P2^0;          //使能端
sbit CS1 = P2^4;         //片选 1 低电平有效,控制左半屏
sbit CS2 = P2^3;         //片选 2 低电平有效,控制右半屏
void delay(uint i)
{
    while( - - i);
}
void Read_busy()//读"忙"函数
{
    P0 = 0x00;
    RS = 0;
    RW = 1;
    EN = 1;
    while(P0 & 0x80);
    EN = 0;
}
void write_LCD_command(uchar value)   //写命令函数
{   Read_busy();                      //对 LCD 的每次读写都要读"忙"
    RS = 0;                           //选择命令
    RW = 0;                           //读操作
    LCD_databus = value;
    EN = 1;//EN 由 1—0 锁存有效数据
    _nop_();
    _nop_();
    EN = 0;
}

void write_LCD_data(uchar value)//写数据函数
{
    Read_busy();
    RS = 1;           //选择数据
    RW = 0;
    LCD_databus = value;
    EN = 1;           //EN 由 1—0 锁存有效数据
```

```
        _nop_();
        _nop_();
        EN = 0;
}


void Set_page(uchar page)          //设置"页",LCD12864 共 8 页
{
        page = 0xb8|page;
        write_LCD_command(page);
}


void Set_line(uchar startline)     //设置显示的起始行
{
startline = 0xC0|startline;        //起始行地址为 0xC0
write_LCD_command(startline);      //设置开始行,共 64 行,一般从 0 行开始显示
}


void Set_column(uchar column)      //设置显示的列
{
        column = column &0x3f;     //列的最大值为 64
        column = 0x40|column;      //列的首地址为 0x40
        write_LCD_command(column); //规定显示的列的位置
}


void SetOnOff(uchar onoff)         //显示开关函数:0x3E 是关显示,0x3F 是开显示
{
        onoff = 0x3e|onoff;        //onoff:1—开显示;0—关显示
        write_LCD_command(onoff);
}


void SelectScreen(uchar screen)//选择屏幕
{
        switch(screen)
        {
          case 0:CS1 = 0;CS2 = 0;break;//全屏
          case 1:CS1 = 0;CS2 = 1;break;//左半屏
          case 2:CS1 = 1;CS2 = 0;break;//右半屏
          default:break;
        }
}


void ClearScreen(uchar screen)//清屏函数
{
        uchar i,j;
        SelectScreen(screen);      //0—全屏;1—左半屏;2—右半屏
        for(i = 0;i<8;i ++)        //控制页数 0~7,共 8 页
        {
```

```
        Set_page(i);
        Set_column(0);
        for(j = 0;j<64;j++)//控制列数 0~63,共 64 列
        {
            write_LCD_data(0x00);//写入 0,地址指针自加 1
        }
    }
}

void init_LCD()          //LCD 的初始化
{
    SetOnOff(1);         //开显示
    SelectScreen(0);     //全屏
    ClearScreen(0);      //清屏
    Set_line(0);         //开始行:0
}

void Draw_dots(uchar x,uchar y,uchar color)
{
    uchar x_byte;
    uchar x_bit;
    uchar Temp_data;         //暂时存放从 LCD 读出的数据
    x_byte = (y>>3);         //计算出该点属于哪个字节
    x_bit = y-(x_byte<<3);   //属于字节的哪一位


    if(x>63)                 //x>63 则显示在右半屏
    {
        SelectScreen(2);
        x = x - 64;
    }
    else                     //显示在左半屏
    {
        SelectScreen(1);
    }
    Set_page(x_byte);        //设置行地址
    Set_column(x);           //设置列地址
    Temp_data = Read_LCD();  //先读出没打点前 LCD 中的数据
    switch(color)
    {
        case 0x01:Temp_data &= ~(1<<x_bit);break;    //擦除
        case 0x02:Temp_data ^= (1<<x_bit);break;     //反白
        case 0x03:Temp_data |= (1<<x_bit);break;     //画点
        default:break;
    }

    Set_page(x_byte);
```

```
        Set_column(x);
        write_LCD_data(Temp_data);        //将处理后的数据送到 LCD 中显示


    }



//Display_HZ(1,2,1,qing);
//1-1 左 2 右 0 全屏;2-页,从 0 页开始,一个汉字 2 个页;
//3-行,因为 column * 16,所以一个汉字占一个 column * 16
//4-就是你要显示的字符数组的名字
void Display_HZ(uchar screen,uchar page,uchar column,uchar  * p)
{
    uchar i;
    SelectScreen(screen);
    Set_page(page);                 //写上半页:16×8
    Set_column(column * 16);        //控制列
    for(i = 0;i<16;i + + )          //控制 16 列的数据输出
    {
        write_LCD_data(p[i]);       //汉字的上半部分
    }
    Set_page(page + 1);              //写下半页:16×8
    Set_column(column * 16);         //控制列
    for(i = 0;i<16;i + + )           //控制 16 列的数据输出
    {
        write_LCD_data(p[i + 16]);    //汉字的下半部分
    }
}
void Display_SZ(uchar screen,uchar page,uchar column,uchar  * p)
{
    uchar i;
    SelectScreen(screen);
    Set_page(page);              //写上半页:16×8
    Set_column(column * 8);      //控制列
    for(i = 0;i<8;i + + )        //控制 16 列的数据输出
    {
        write_LCD_data(p[i]);     //汉字的上半部分
    }
    Set_page(page + 1);          //写下半页:16×8
    Set_column(column * 8);      //控制列
    for(i = 0;i<8;i + + )        //控制 16 列的数据输出
    {
        write_LCD_data(p[i + 8]); //汉字的下半部分
    }
}
void display()
{
        Display_HZ(1,0,0,xing);
```

```
    //(1)左屏,(0)第1行,(0)第1列,(xing)显示一个汉字"姓"
    //一个汉字由两页组成,故一个汉字(第1行)占0和1页
    Display_HZ(1,0,1,ming);//左屏第1行第2列显示一个汉字"名"
    Display_HZ(1,0,2,maohao);//左屏第1行第3列显示一个汉字":"
    Display_HZ(1,0,3,li);//左屏第1行第4列显示一个汉字"李"
    Display_HZ(2,0,0,ming2);//右屏第1行第1列显示一个汉字"明"
    Display_HZ(2,0,1,ming2);//右屏第1行第2列显示一个汉字"明"

    Display_HZ(1,2,0,xue);//左屏第2行第1列显示一个汉字"学"
    Display_HZ(1,2,1,hao);//左屏第2行第2列显示一个汉字"号"
    Display_HZ(1,2,2,maohao);//左屏第2行第3列显示一个汉字":"
    Display_SZ(1,2,6,shu1);//左屏第2行第4列左边显示一个数字"1"
    Display_SZ(1,2,7,shu2);//左屏第2行第4列右边显示一个数字"2"
    Display_SZ(2,2,0,shu3);//右屏第2行第1列左边显示一个数字"3"
    Display_SZ(2,2,1,shu2);//右屏第2行第1列右边显示一个数字"2"
    Display_SZ(2,2,2,shu7);//右屏第2行第2列左边显示一个数字"7"
    Display_SZ(2,2,3,shu1);//右屏第2行第2列右边显示一个数字"1"
    Display_SZ(2,2,4,shu4);//右屏第2行第3列左边显示一个数字"4"
    Display_SZ(2,2,5,shu0);//右屏第2行第3列右边显示一个数字"0"
    Display_SZ(2,2,6,shu3);//右屏第2行第4列左边显示一个数字"3"
    Display_SZ(2,2,7,shu2);//右屏第2行第4列右边显示一个数字"2"

    Display_HZ(1,4,2,fo);//左屏第3行第3列显示一个汉字"佛"
    Display_HZ(1,4,3,zhi);//左屏第3行第4列显示一个汉字"职"
    Display_HZ(2,4,0,yuan);//右屏第3行第1列显示一个汉字"院"

    Display_SZ(2,4,2,shu2);//右屏第3行第3列左边显示一个数字"2"
    Display_SZ(2,4,3,shu0);//右屏第3行第4列左边显示一个数字"0"
    Display_SZ(2,4,4,shu2);//右屏第3行第5列左边显示一个数字"2"
    Display_SZ(2,4,5,shu1);//右屏第3行第6列左边显示一个数字"1"

    Display_HZ(1,6,1,fa);//左屏第4行第2列显示一个汉字"发"
    Display_HZ(1,6,2,dian);//左屏第4行第3列显示一个汉字"电"
    Display_SZ(1,6,6,shu1);//左屏第4行第4列左边显示一个数字"1"
    Display_HZ(2,6,0,ban);//右屏第4行第1列显示一个汉字"班"

}
void main()
{
    init_LCD();            //初始12864
    ClearScreen(0);        //清屏
    Set_line(0);           //显示开始行
    while(1)
    {
      display();//显示
    }
}
```

第三步　配置工程，编译程序。
第四步　软件调试程序。
第五步　在 Proteus 中仿真程序，观察现象。
第六步　在 51 单片机开发板上下载这个程序，观察开发板和 Proteus 仿真电路现象有无区别。

任务二　简易辐照度测试仪整体设计与制作

【任务描述】

利用单晶硅太阳能电池板给锂电池充电，锂电池输出 5V 的电压供给单片机，用单片机控制光照度传感器 BH1750FVI，实时检测太阳光的光照度值，参考张艳玲所研究的成果《南方气候条件下光照度和辐照度的关系》，并结合长期实验得到不同天气下光照度和辐照度的转换关系，将测到的光照度值转换为辐照度值，通过 LCD12864 液晶显示屏显示辐照度值。为完善相关功能，还加入常见的 DS1302 时钟芯片模块以及 SHT11 温湿度传感器模块，通过 LCD12864 实时显示时间和温湿度值。

【实训仪器、设备及实训材料】

工具、设备和耗材	数量	工具、设备和耗材	数量	工具、设备和耗材	数量
电脑	1 台	51 单片机下载线和 USB 线	1 根	稳压电源	1 台
Keil μVision4	1 套	STC15 单片机开发板	1 套	传感器套件	1 套

【实施过程及步骤】

第一步　根据简易辐照度测试仪原理框图，如图 6-3 所示，在开发板上接上对应传感器的引线，搭建系统硬件模块。

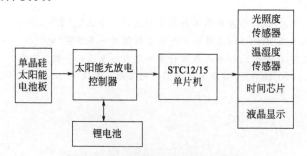

图 6-3　简易辐照度测试仪的原理框图

第二步　在 Keil μVision4 集成开发环境中，编写程序。

程序设计主要采用模块化编程的思路，主要包括 LCD12864 液晶显示模块、BH1750FVI 光照度传感器模块、DS1302 时钟芯片模块以及 SHT11 温湿度传感器模块。利用光照度传感器实时测量太阳光照度，和专用的辐照度测试仪测的数据进行对比，根据实验所测得光照度（L）与辐照度（E）的关系把所测得太阳光照度转化为太阳辐照度值，转换关系如下：

晴天：$E = 0.0151 \times L - 0.576$；

多云：$E = 0.0114 \times L + 0.7$；

阴天：$E = 0.0111 \times L - 6.26$。

主要参考程序如下：

```c
# include "reg52. h"
# include "12864mokuai. h"
# include "ds1302. h"
# include "delay. h"
# include <intrins. h>
# include <math. h>
# define   uchar      unsigned char
# define   uint       unsigned int
sbit   SCL = P2^1;          //IIC 时钟引脚定义
sbit      SDA = P2^2;       //IIC 数据引脚定义
# define   SlaveAddress   0x46
//定义器件在 IIC 总线中的从地址,根据 ALT  ADDRESS 地址引脚不同修改
//ALT  ADDRESS 引脚接地时地址为 0x46,接电源时地址为 0x3A
typedef   unsigned char BYTE;
uint wendu = 0;//温度
uint shidu = 0;//湿度
uchar   hor, min, sec;//时间:小时,分,秒
uchar   initial_time[] = {0x00, 0x00, 0x00};         //时间调整存储
uint pm25 = 0;                 //pm2. 5
uchar chuankou = 0;        //串口数据
uchar pm[10] = 0;          //串口数据
uchar ck = 0;             //串口数据,计数
uint guangzhao = 0;        //光照度,存储
/****GUANGZHAO*******/
/*****起始信号******/
void BH1750_Start()
{
    SDA = 1;                //拉高数据线
    SCL = 1;                //拉高时钟线
    Delay5us();             //延时
    SDA = 0;                //产生下降沿
    Delay5us();             //延时
    SCL = 0;                //拉低时钟线
}
/*****停止信号******/
void BH1750_Stop()
{
    SDA = 0;                //拉低数据线
    SCL = 1;                //拉高时钟线
    Delay5us();             //延时
    SDA = 1;                //产生上升沿
    Delay5us();             //延时
```

```
}
/********************************

发送应答信号
入口参数:ack(0:ACK 1:NAK)
********************************/
void BH1750_SendACK(bit ack)
{
    SDA = ack;              //写应答信号
    SCL = 1;                //拉高时钟线
    Delay5us();             //延时
    SCL = 0;                //拉低时钟线
    Delay5us();             //延时
}
/********************************

接收应答信号
********************************/
bit BH1750_RecvACK()
{
    SCL = 1;                //拉高时钟线
    Delay5us();             //延时
    CY = SDA;               //读应答信号
    SCL = 0;                //拉低时钟线
    Delay5us();             //延时
    return CY;
}
/********************************

向 IIC 总线发送一个字节数据
********************************/
void BH1750_SendByte(BYTE dat)
{
    BYTE i;
    for(i = 0;i<8;i++)      //8位计数器
    {
        dat ≪= 1;           //移出数据的最高位
        SDA = CY;           //送数据口
        SCL = 1;            //拉高时钟线
        Delay5us();         //延时
        SCL = 0;            //拉低时钟线
        Delay5us();         //延时
    }
        BH1750_RecvACK();
}
/********************************

从 IIC 总线接收一个字节数据
********************************/
BYTE BH1750_RecvByte()
```

```
{
    BYTE i;
    BYTE dat = 0;
    SDA = 1;                        //使能内部上拉,准备读取数据
    for(i = 0;i<8;i++)              //8位计数器
    {
        dat << = 1;
        SCL = 1;                    //拉高时钟线
        Delay5us();                 //延时
        dat | = SDA;                //读数据
        SCL = 0;                    //拉低时钟线
        Delay5us();                 //延时
    }
    return dat;
}
void Single_Write_BH1750(uchar REG_Address)
{
    BH1750_Start();                             //起始信号
    BH1750_SendByte(SlaveAddress);              //发送设备地址 + 写信号
    BH1750_SendByte(REG_Address);               //内部寄存器地址
 //   BH1750_SendByte(REG_data);                //内部寄存器数据
    BH1750_Stop();                              //发送停止信号
}
//*********单字节读取********************
/*
uchar Single_Read_BH1750(uchar REG_Address)
{   uchar REG_data;
    BH1750_Start();                     //起始信号
    BH1750_SendByte(SlaveAddress);      //发送设备地址 + 写信号
    BH1750_SendByte(REG_Address);       //发送存储单元地址,从 0 开始
    BH1750_Start();                     //起始信号
    BH1750_SendByte(SlaveAddress + 1);  //发送设备地址 + 读信号
    REG_data = BH1750_RecvByte();       //读出寄存器数据
    BH1750_SendACK(1);
    BH1750_Stop();                      //停止信号
    return REG_data;
}
*/
//连续读出 BH1750 内部数据
BYTE    BUF[8];                         //接收数据缓存区
void Multiple_read_BH1750(void)
{   uchar i;
    BH1750_Start();                          //起始信号
    BH1750_SendByte(SlaveAddress + 1);       //发送设备地址 + 读信号
```

```
    for(i = 0;i<3;i++)              //连续读取6个地址数据,存储在BUF中
    {
        BUF[i] = BH1750_RecvByte();     //BUF[0]存储0x32地址中的数据
        if(i == 3)
        {
        BH1750_SendACK(1);          //最后一个数据需要回NOACK
        }
        else
        {
        BH1750_SendACK(0);          //回应ACK
        }
    }
    BH1750_Stop();                  //停止信号
    Delay5ms();
}


//初始化BH1750
void Init_BH1750()
{
    Single_Write_BH1750(0x01);
}
void xianshiguangzhao()
{
        uchar num[5];
        num[0] = guangzhao/10000 + 0x30;
        num[1] = guangzhao % 10000/1000 + 0x30;
        num[2] = guangzhao % 1000/100 + 0x30;
        num[3] = guangzhao % 100/10 + 0x30;
        num[4] = guangzhao % 10 + 0x30;
        LCD12864_DisplayOneLine(0x9B,num);
}


//主函数,用于观看显示效果
void main(void)
{
    uint    dis_data;                       //光照变量
    LCD12864_Init();                        //初始化液晶显示屏
    LCD12864_DisplayOneLine(0x80,ucStr1);   //显示信息1
    LCD12864_DisplayOneLine(0x90,ucStr2);   //显示信息2
    LCD12864_DisplayOneLine(0x88,ucStr3);   //显示信息3
    LCD12864_DisplayOneLine(0x98,ucStr4);   //显示信息4
    Init_BH1750();                          //初始化BH1750
```

```
    Delay1ms();                         //延时
    while(1)
    {
    Single_Write_BH1750(0x01);          //读取光照度
    Single_Write_BH1750(0x10);          // H-resolution mode
    Delay180ms();                       //延时180ms
    Multiple_Read_BH1750();             //连续读出数据,存储在BUF中
    dis_data = BUF[0];
    dis_data = (dis_data≪8) + BUF[1];   //合成数据
    guangzhao = (float)dis_data/1.2;
    xianshiguangzhao();
    Delay1ms();
    }
}
```

第三步　配置工程，编译程序。

第四步　软件调试程序。

第五步　在自制简易辐照度测试仪（图6-4）实验板上下载这个程序，观察分析实验现象。

图6-4　简易辐照度测试仪现场测试

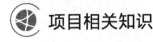 项目相关知识

知识点一　DM12864J 点阵液晶显示器

DM12864J 是一种图形点阵液晶显示器，它主要采用动态驱动原理，由行驱动控制器和列驱动器两部分组成 128（列）×64（行）的全点阵液晶显示模块，具有以下特点：

① 工作电压为 +(5V±10%)，可自带驱动 LCD 所需的负电压。

② 全屏幕点阵，可显示 8（行）×4（列）个（16×16 点阵）汉字，也可完成图形、字符的显示。

③ 与 CPU 接口采用 5 条位控制总线和 8 位并行数据总线输入输出，适配 M6800 系列时序。

④ 内部有显示数据锁存器。

⑤ 简单的操作指令：显示开关设置、显示起始行设置、地址指针设置和数据读/写等指令。

1. DM12864J 引脚特性

DM12864J 液晶模块的引脚特性如表 6-1 所示。

表 6-1　DM12864J 液晶模块的引脚特性

引脚号	引脚名称	电平	引脚功能描述
1	VSS	0V	接地
2	VDD	+5.0V	模组逻辑供电电压正极
3	V0	——	液晶显示对比度调节
4	D/I	H/L	寄存器与显示内存操作选择。1:对寄存器指令操作;0:对数据操作
5	R/W	H/L	MCU 读/写控制器信号
6	E	H/L	读/写使能信号
7～14	DB0～DB7	H/L	八位三态并行数据总线
15	CS1	H/L	片选信号,当 CS1=H 时,选择左半屏
16	CS2	H/L	片选信号,当 CS2=H 时,选择右半屏
17	$\overline{RST}$	H/L	复位信号,低有效
18	VEE	−10V	输出负电压
19	LED+	+5V	背光电源,$I_{dd} \leqslant 720mA$
20	LED−	−5V	

2. DM12864J 指令说明

DM12864J 液晶模块的指令如表 6-2 所示。

表 6-2　指令表

指令名称	控制信号		控　制　代　码							
	RS	R/W	D7	D6	D5	D4	D3	D2	D1	D0
显示开关设置	0	0	0	0	1	1	1	1	1	D
显示起始行设置	0	0	1	1	L5	L4	L3	L2	L1	L0
页面地址设置	0	0	1	0	1	1	1	P2	P1	P0
列地址设置	0	0	0	1	C5	C4	C3	C2	C1	C0
读取状态字	0	1	BUSY	0	ON/OFF	RESET	0	0	0	0
写显示数据	1	0	数据							
读显示数据	1	1	数据							

下面详细说明各条指令的意义：

(1) 显示开关设置指令

该指令设置显示开关触发器的状态，由此控制显示数据锁存器的工作方式，从而控制显示屏上的显示状态。D 位为显示开关的控制位。当 D=1 时为开显示设置，显示数据锁存器正常工作，显示屏上呈现所需的显示效果。此时在状态字中 ON/OFF=0。当 D=0 时为关显示设置，显示数据锁存器被置零，显示屏呈不显示状态，但显示存储器并没有被破坏，在状态字中 ON/OFF=1。

(2) 显示起始行设置指令

该指令设置了显示起始行寄存器的内容。LCM（液晶显示模块）通过 CS 的选择分别具有 64 行显示的管理能力，该指令中 L5～L0 为显示起始行的地址，取值在 0～3FH（1～64 行）范围内，它规定了显示屏顶行所对应的显示存储器的行地址。如果定时、等间距地修改（如加 1 或减 1）显示起始行寄存器的内容，则显示屏将呈现显示内容向上或向下平滑滚动的显示效果。

(3) 页面地址设置指令

该指令设置了页面地址——X 地址寄存器的内容。LCM 将显示存储器分成 8 页，指令代码中 P2～P0 就是要确定当前所要选择的页面地址，取值范围为 0～7H，代表第 1～8 页。该指令规定了以后的读/写操作将在哪一个页面上进行。

(4) 列地址设置指令

该指令设置了 Y 地址数计数器的内容，LCM 通过 CS 的选择分别具有 64 列显示的管理能力，C5～C0＝0～3FH（1～64）代表某一页面上的某一单元地址，随后的一次读或写数据将在这个单元上进行。Y 地址计数器具有自动加 1 功能，在每一次读/写数据后它将自动加 1，所以在连续进行读/写数据时，Y 地址计数器不必每次都设置一次。页面地址的设置和列地址的设置可确定唯一的显示存储器单元，为后来的显示数据的读/写进行了地址的选通。

(5) 写显示数据指令

该操作将 8 位数据写入先前已确定的显示存储器的单元内。操作完成后列地址计数器自动加 1。

(6) 读取状态字指令

状态字是 CPU 了解 LCM 当前状态，或 LCM 向 CPU 提供其内部状态的唯一的信息渠道。

BUSY 表示当前 LCM 接口控制电路运行状态，BUSY＝1 表示 LCM 正在处理 CPU 发过来的指令或数据，此时接口电路被封锁，不能接收除读状态字以外的任何操作指令。BUSY＝0 表示 LCM 接口控制电路已处于"准备好"状态，等待 CPU 的访问。

(7) 读显示数据指令

该操作将 LCM 接口处的输出寄存器内容读出，然后列地址计数器自动加 1。

3. 显示数据 RAM（DDRAM）

DDRAM（64×8×8 bits）的作用是存储显示数据，其每一位数据对应显示面板上一个点的显示（数据为 H）与不显示（数据为 L）。表 6-3 所示为 DDRAM 地址表。

表 6-3　DDRAM 地址表

	CS1＝1					CS2＝1					行号
Y＝	0	1	···	62	63	0	1	···	62	63	
X＝0	DB0 ↓ DB7	DB0 ↓ DB7	DB0 ↓ DB7	DB0 ↓ DB7	DB0 ↓ DB7	DB0 ↓ DB7	DB0 ↓ DB7	DB0 ↓ DB7	DB0 ↓ DB7	DB0 ↓ DB7	0 ↓ 7
↓	DB0 ↓ DB7	DB0 ↓ DB7	DB0 ↓ DB7	DB0 ↓ DB7	DB0 ↓ DB7	DB0 ↓ DB7	DB0 ↓ DB7	DB0 ↓ DB7	DB0 ↓ DB7	DB0 ↓ DB7	8 ↓ 55
X＝7	DB0 ↓ DB7	DB0 ↓ DB7	DB0 ↓ DB7	DB0 ↓ DB7	DB0 ↓ DB7	DB0 ↓ DB7	DB0 ↓ DB7	DB0 ↓ DB7	DB0 ↓ DB7	DB0 ↓ DB7	56 ↓ 63

知识点二 BH1750FVI 光照度传感器芯片

BH1750FVI 是一种用于两线式串行总线接口的数字型光照度传感器集成电路。这种集成电路可以根据收集的光线强度数据来调整液晶或者键盘背景灯的亮度。利用它的高分辨率可以探测较大范围的光照度变化。

BH1750FVI 的特点如下：

① 支持 I^2C BUS 接口；

② 接近视觉灵敏度的光谱灵敏度特性（峰值灵敏度波长典型值：560nm）；

③ 输出对应亮度的数字值；

④ 对应广泛的光输入范围（相当于 1～65535lx）；

⑤ 通过降低功率功能实现低电流化；

⑥ 通过 50Hz/60Hz 除光噪声功能实现稳定的测定；

⑦ 支持 1.8V 逻辑输入接口；

⑧ 无需其他外部部件；

⑨ 光源依赖性弱（白炽灯、荧光灯、卤素灯、白光 LED、日光灯）；

⑩ 有两种可选的 I^2C slave 地址；

⑪ 可调的测量结果影响较大的因素为光入口大小；

⑫ 使用这种功能可计算 1.1～100000 lx/min 的范围；

⑬ 最小误差变动在 ±20% 内；

⑭ 受红外线影响很小。

其产品应用有：移动电话、液晶电视、笔记本电脑、便携式游戏机、数码相机、数码摄像机、汽车定位系统、液晶显示器等。

知识点三 DS1302 时钟芯片

DS1302 时钟芯片是由美国 DALLAS 公司推出的具有涓细电流充电能力的低功耗实时时钟芯片。它可以对年、月、周、日、时、分、秒进行计时，且具有闰年补偿等多种功能。DS1302 芯片包含一个用于存储实时时钟/日历的 31 字节的静态 RAM，可通过简单的串行接口与微处理器通信，将当前的实时时钟存于 RAM。DS1302 芯片对于少于 31 天的月份，月末会自动调整，并会自动对闰年进行校正。由于有一个 AM/PM 指示器，时钟可以工作在 12 小时制或者 24 小时制。

1. 芯片特点

实时时钟计算年、月、周、日、时、分、秒，并有闰年调节功能；31×8 位通用暂存 RAM；串行输入/输出；2.0～5.5V 宽电压范围操作；在 2.0V 时工作电流小于 300nA；读写时钟或 RAM 数据时有单字节或多字节（脉冲串模式）数据传送方式；8 管脚 DIP 封装或可选的 8 管脚表面安装 SO 封装；简单的三线接口；与 TTL 兼容（$V_{CC}=5V$）；可选的工业温度范围：$-40\sim85℃$。

2. 引脚说明

DS1302 采用的是三线接口的双向数据通信接口，RST 是片选引脚，低电平有效；SCLK 是时钟信号，为通信提供时钟源；I/O 为数据输入/输出引脚，用于传输及接收数据；DS1302 还采用了双电源供电模式，VCC1 连接到备用电源，在 VCC2 主电源失效时保持时间和日期数据。DS1302 引脚及说明如图 6-5 所示，具体请见 DS1302 数据手册。

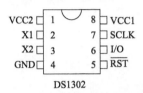

VCC2	工作电源
GND	电源地
VCC1	后备电源
SCLK	时钟信号
I/O	数据输入/输出
RST	复位信号/片选信号

图 6-5　DS1302 引脚及说明

知识点四　SHT1x 温湿度传感器芯片

SHT1x 系列单芯片传感器，是一款含有已校准数字信号输出的温湿度复合传感器。传感器包括一个电容式聚合体测湿元件和一个能隙式测温元件，并与一个 14 位的 A/D 转换器以及串行接口电路在同一芯片上实现无缝连接。因此，该产品具有响应超快、抗干扰能力强、性价比高等优点。每个 SHT1x 系列传感器都在极为精确的湿度校验室中进行校准。校准系数以程序的形式储存在 OTP 内存中，传感器内部在检测信号的处理过程中要调用这些校准系数。两线制串行接口和内部基准电压使系统集成变得简易快捷。超小的体积、极低的功耗，使其成为各类应用甚至最为苛刻的应用场合的最佳选择。产品提供表面贴片 LCC（无铅芯片）或 4 针单排引脚封装。特殊封装形式可根据用户需求而提供。SHT1x 系列传感器可应用于暖通空调 HVAC、汽车、气象站、湿度调节器、除湿器测试及检测设备、数据记录器等。

SHT1x 系列的典型应用电路如图 6-6 所示。SHT1x 的供电电压为 $2.4\sim5.5V$。传感器通电后，要等待 11ms 以越过"休眠"状态。在此期间无需发送任何指令。电源引脚（VDD，GND）之间可增加一个 100nF 的电容，用以去耦滤波。

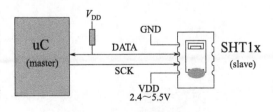

图 6-6　SHT1x 系列典型应用电路

SCK 用于微处理器与 SHT1x 之间的通信同步。由于接口包含了完全静态逻辑，因而不存在最小 SCK 频率。DATA 三态门用于数据的读取。DATA 在 SCK 时钟下降沿之后改变状态，并仅在 SCK 时钟上升沿有效。

数据传输期间，在 SCK 时钟高电平时，DATA 必须保持稳定。为避免信号冲突，微处理器应驱动 DATA 在低电平，且需要一个外部的上拉电阻（例如 10kΩ）将信号提拉至高电平。上拉电阻通常已包含在微处理器的 I/O 电路中，具体请见 SHT1x 数据手册。

参考文献

光伏微处理器控制技术
GUANGFU WEICHULIQI KONGZHI JISHU

[1]　谭浩强.C程序设计 [M].4版.北京:清华大学出版社,2010.

[2]　徐胜,陈新度,刘强.ASP模式下应用服务发现与匹配的研究 [J].机电工程技术,2009(9):4.

[3]　徐胜,王冬云,谭建斌.单片机技术项目式教程(C语言版)[M].北京:北京师范大学出版社,2015.

[4]　杨旭方,徐胜.单片机控制与应用实训教程 [M].北京:电子工业出版社,2010.

[5]　郭天详.51单片机 C 语言教程——入门、提高、开发、拓展全攻略 [M].北京:电子工业出版社,2009.